焊接基础理论与操作

孙振邦　杜茂华　童嘉晖　主　编

吉林大学出版社

·长　春·

图书在版编目(CIP)数据

焊接基础理论与操作/ 孙振邦,杜茂华,童嘉晖主编.--长春:吉林大学出版社，2024.12.-- ISBN 978-7-5768-4578-5

Ⅰ.TG4

中国国家版本馆 CIP 数据核字第 2025NV3493 号

书　　名	焊接基础理论与操作 HANJIE JICHU LILUN YU CAOZUO
主　　编	孙振邦　杜茂华　童嘉晖
策划编辑	王宁宁
责任编辑	王默涵
责任校对	赵黎黎
装帧设计	程国川
出版发行	吉林大学出版社
社　　址	长春市人民大街 4059 号
邮政编码	130021
发行电话	0431－89580028/29/21
网　　址	http://www.jlup.com.cn
电子邮箱	jldxcbs@sina.com
印　　刷	吉林省极限印务有限公司
开　　本	787mm×1092mm　1/16
印　　张	13.75
字　　数	189 千字
版　　次	2024 年 12 月第 1 版
印　　次	2024 年 12 月第 1 次
书　　号	ISBN 978-7-5768-4578-5
定　　价	78.00 元

前言

　　焊接作为现代工业生产中不可或缺的关键技术之一,在各个领域都发挥着极其重要的作用。从宏伟的建筑结构到精密的电子设备,从大型的船舶制造到微小的医疗器械,焊接技术的身影无处不在。随着科技的不断进步和工业的飞速发展,对焊接技术的要求也日益提高。掌握扎实的焊接基础理论和熟练的操作技能,已成为众多行业从业者的必备素养。编写本书的目的,正是为了满足广大读者对焊接知识的学习需求,帮助他们系统地了解和掌握这一重要技术。

　　焊接基础理论是焊接操作的基石。它涵盖了材料科学、物理学、化学等多个学科领域的知识,涉及焊接过程中的热传导、冶金反应、应力与变形等诸多方面。只有深入理解这些理论知识,才能更好地把握焊接的本质和规律,为实际操作提供科学的指导。同时,焊接操作技能的培养也是至关重要的。通过实际的操作训练,读者可以将理论知识转化为实际能力,提高焊接的质量和效率。本书致力于为读者提供一个全面、系统的焊接学习平台。在内容编排上,既注重理论知识的系统性和完整性,又突出操作技能的实用性和可操作性。通过详细的讲解和丰富的实例,帮助读者逐步掌握焊接的基本原理、方法和技巧。无论是对于初学者还是有一定经验的从业者,本书都具有重要的参考价值。

　　在当今全球化的时代背景下,焊接技术不断创新和发展。新的焊接材料、工艺和设备不断涌现,为工业生产带来了更多的可能性。希望本书能够成为读者学习和探索焊接技术的得力助手,激发他们的创新思维和实践能力,为推动我国焊接技术的进步和工业的发展贡献一份力量。让我们一起走进焊接的精彩世界,共同探索这一充满挑战与机遇的技术领域。

　　在撰写本书的过程中,作者查阅和借鉴了大量的相关资料,在此向其作者表示诚挚的感谢。此外,本书的撰写也得到了相关专家和同行的支持与帮助,在此一并致谢。由于作者水平有限,加之时间仓促,书中难免出现纰漏,敬请广大读者批评指正。

目录

第一章　焊接基础理论概述 ·· 1

　第一节　焊接术语 ··· 1

　第二节　常用金属材料的焊接性 ······················· 14

　第三节　焊接工艺知识 ······································· 16

第二章　焊接设备及调试 ······································· 17

　第一节　焊接设备 ··· 17

　第二节　焊接设备的调试 ··································· 26

第三章　焊接材料 ·· 31

　第一节　焊条 ··· 31

　第二节　焊丝 ··· 39

　第三节　焊剂 ··· 44

　第四节　钎料 ··· 46

　第五节　其他焊接材料 ······································· 50

第四章　焊接电弧和手工电弧焊 ···························· 55

　第一节　焊接电弧的物理基础 ···························· 55

　第二节　手工电弧焊的基本特征 ························· 61

　第三节　手工电弧焊的接头设计及质量控制 ········· 72

第五章　埋弧焊 ……………………………………………… 81

　第一节　埋弧焊工作原理、应用范围及工艺特点 …………… 81

　第二节　埋弧焊设备和操作工艺 …………………………… 84

　第三节　埋弧焊作业事故原因及预防 ……………………… 94

第六章　气体保护焊 ………………………………………… 97

　第一节　气体保护焊原理、应用范围及作业安全 ………… 97

　第二节　气体保护焊设备 …………………………………… 101

　第三节　钨极氩弧焊特点及安全操作 ……………………… 104

　第四节　熔化极惰性气体保护焊 …………………………… 114

　第五节　熔化极活性气体保护焊 …………………………… 118

　第六节　气体保护焊的危害和预防 ………………………… 126

第七章　电阻焊 ……………………………………………… 130

　第一节　电阻焊实质、分类及特点 ………………………… 130

　第二节　电阻焊的基本原理 ………………………………… 132

　第三节　电阻焊工艺方法与应用 …………………………… 138

第八章　特种焊接 …………………………………………… 149

　第一节　钎焊 ………………………………………………… 149

　第二节　高能密度焊 ………………………………………… 156

　第三节　电渣焊 ……………………………………………… 161

　第四节　螺柱焊 ……………………………………………… 163

　第五节　摩擦焊 ……………………………………………… 168

　第六节　扩散焊 ……………………………………………… 175

　第七节　超声波焊 …………………………………………… 176

　第八节　爆炸焊 ……………………………………………… 178

第九章　焊接技能操作实践 ·· 181

　　第一节　板对接碱性焊条仰焊 ··· 181

　　第二节　管对接斜 45 度固定药芯二氧化碳气体保护焊 ········· 188

　　第三节　小直径不锈钢管水平固定障碍钨极氩弧焊 ············· 194

　　第四节　管对接水平固定氩电联焊 ··· 199

　　第五节　管对接斜 45 度固定氩电联焊 ···································· 203

参考文献 ·· 208

第一章　焊接基础理论概述

第一节　焊接术语

一、一般术语

(1)焊接是一种方法,它可以通过加热或加压,或者两者结合使用,同时选择使用或不使用填充材料来实现工件的结合。

(2)焊接技术:焊工具备执行焊接工艺规定的技能。

(3)焊接方法是指某些特定的焊接技术,例如埋弧焊和气体保护焊等,这些技术涵盖了冶金、电学、物理、化学和力学等多个领域的基本原则。

(4)焊接工艺涉及制造焊件(通过焊接方式连接的部件)的相关加工技术和执行标准,这包括焊接前的准备、所选材料、焊接方法的选择、焊接的具体参数以及操作的具体要求。

(5)焊接的顺序是这样的:工件上的各个焊接接头以及焊缝都按照特定的顺序进行焊接。

(6)焊接的方向描述:随着焊缝长度的增加,焊接热源也会相应地移动。

(7)焊接回路定义为:焊接电源产生的焊接电流通过工件的导电路径。

(8)坡口定义为:基于设计或制造工艺的需求,在待焊接的工件部位进行加工和组装,形成具有特定几何形态的凹槽。

(9)单面坡口指的是仅具有单面焊缝(包含封底焊)的坡口部分。

（10）双面坡口指的是形成双面焊接的特定坡口。

（11）坡口面指的是焊接工件上的坡口部分。

（12）坡口角度定义为两个坡口之间的角度差异。

（13）坡口面的角度定义为：待处理的坡口端面与坡口面之间的角度差。

（14）在焊接之前，接头根部之间有一个预先设置的空隙，称为根部间隙。

（15）根部的半径定义为：位于 J 形和 U 形坡口底部的那个圆角半径。

（16）钝边指的是焊接件在开坡口时，沿着工件接头坡口根部端面的直边区域。

（17）母材金属是指焊接在一起的金属材料的总称。

（18）热影响区定义为：在焊接或切割的过程中，由于材料受到热量的作用（但并未完全融化），导致其金相结构和机械特性发生改变的特定区域。

（19）过热区指的是焊接热影响区内，存在过热结构或晶粒明显较粗的部分。

（20）熔合区指的是焊缝与母材之间的交接区域，也就是在熔合线（即熔化区与非熔化区之间的过渡区域）上，微观上可以看到母材的半熔化区。

（21）焊缝金属区域是指在焊接接头的横截面上进行金属熔焊测量时，被焊缝表面和熔合线所环绕的特定区域。在电阻焊过程中，所指的是焊接完成后的熔核区域。

（22）承载焊缝指的是焊件上用于承载载荷的特定焊缝。

（23）连续焊接指的是连续焊接过程中形成的焊缝。

（24）断续焊缝指的是焊接后形成的有一定间距的焊缝。

（25）环缝指的是沿着筒状焊件排列的，头部和尾部相互连接的密封焊缝。

（26）螺旋型焊缝是指使用成卷的板材，按照螺旋的方式将其卷成管接头，然后进行焊接，从而得到的焊缝。

（27）正面角焊缝定义为：焊缝的轴线与焊件所受的力的方向是垂直的角焊缝。

（28）侧边的角焊缝定义为：焊缝的轴线与焊件所受的力的方向是平行的。

（29）关于并列断续角焊缝：T形接头的两侧是对称布置的，并且它们的长度几乎是一致的。

（30）交错断续角焊缝是指T形接头两侧交错排列、长度基本一致的断续角焊缝。

（31）凸形角焊缝指的是焊缝表面出现的凸出部分。

（32）凹形角焊缝指的是焊缝表面呈现凹陷状态的角焊缝。

（33）焊缝宽度定义为焊缝表面上两个焊趾间的实际距离。

（34）焊趾指的是焊缝表面与母材接触的地方。

（35）熔深指的是在焊接接头的横截面上，母材或前道焊缝的熔化深度。

（36）焊缝成形系数：在熔焊过程中，单道焊缝的横截面上的焊缝宽度（B）与焊缝计算的厚度（H）之间的比率，如果标记为 p，则 p＝B/H。

（37）余高定义为：当焊缝金属超出母材表面连线上方时，其达到的最大高度。

（38）焊根指的是焊缝的背侧与母材接触的地方。

（39）定位焊是一种焊接技术，主要用于确定和固定焊接部件接头的具体位置。

（40）连续焊是指为了实现焊件上连续焊缝的目标而进行的焊接操作。

（41）断续焊指的是在接头的全长方向上，形成有一定间距的焊缝进行焊接操作。

二、熔焊术语

(1)熔池定义为:在焊接过程中,由于焊接热源的影响,焊件上形成的液态金属部分呈现出特定的几何形态。

(2)熔敷金属指的是完全由填充金属融化形成的焊接金属部分。

(3)关于熔敷的顺序:在进行堆焊或多层焊的过程中,需要在焊缝的横截面上按照特定的顺序进行施焊。

(4)在单面坡口对接焊的过程中,会形成具有背垫功能的焊接通道。

(5)封底焊道是指在单面接坡口焊接完成之后,再在焊缝的背面进行焊接的最后一个焊道。

(6)熔透焊道是一种焊接方法,其特点是只从一个方向焊接,从而确保焊缝完全熔透,通常是指单面焊接而双面成型的焊道。

(7)焊波描述的是焊缝表面出现的鱼鳞样的波纹。

(8)焊接层:在多层焊接过程中的每一层。每一个焊接层都可能是由一条焊道或数条相邻的焊道所构成。

(9)焊接电弧是一种由焊接电源提供的现象,它在具有特定电压的两个电极之间或电极与母材之间,在气体介质中产生,表现为强烈而持久的放电现象。

(10)电弧的稳定性指的是电弧能够持续稳定地燃烧,而不会出现断弧、飘移或磁偏吹的情况。

(11)电弧的挺度描述了在热收缩和磁收缩等因素影响下,电弧在电极轴向上保持直立的程度。

(12)电弧的动态特性:对于具有特定弧长的电弧,当电弧电流经历连续的快速波动时,电弧电压与电流的瞬时值之间存在一定的相互关系。

(13)电弧的静态特性:在固定的电极材料、气体介质和弧长条件下,电弧在稳定燃烧的过程中,焊接电流与电弧电压之间的变化关系。通常,这也被称作伏—安的特性。

(14)硬电弧指的是电弧电压(或弧长)稍有波动,从而导致电流发生显著的改变的电弧现象。

(15)软电弧指的是在电弧电压发生变化的情况下,电流数值几乎保持不变的电弧现象。

(16)电弧偏吹描述的是电弧在磁力的影响下出现的偏移情况。

(17)弧长定义为焊接电弧两端(即电极端头与熔池表面之间)之间的最短距离。

(18)熔滴过渡描述了熔滴如何通过电弧空间迁移到熔池,这一过程可以分为粗滴过渡、短路过渡以及喷射过渡三个不同的阶段。

(19)粗滴过渡(也称为颗粒过渡)描述的是熔滴从粗大的颗粒状态自由地过渡到熔池的过程。

(20)短路过渡是指焊条(或焊丝)端部的熔滴与熔池发生短路接触,由于强烈的过热和磁收缩作用,熔滴会爆断,从而直接过渡到熔池。

(21)喷射过渡描述的是:熔滴以微小的颗粒形态存在,并在喷射的过程中迅速穿越电弧空间,最终达到熔池的状态。

(22)脉冲喷射过渡指的是通过脉冲电流进行控制的喷射过程。

(23)极性指的是在直流电弧焊或电弧切割过程中焊接部件的极性特性。焊接部件连接电源的正极被称为正极性,而连接负极的则被称为反极性。

(24)正接指的是:焊接部分连接到电源的正极,而电极则连接到电源的负极。

(25)反接指的是:焊接部分连接到电源的负极,而电极则连接到电源的正极。

(26)左焊方法描述了焊接热源从接头的右侧向左侧移动,并将其指向需要焊接的工件部分的操作方式。

(27)右焊法描述的是焊接热源从接头的左侧向右侧转移,并将其指向需要焊接的工件部分的操作方式。

(28)分段退焊方法是将焊接部件的接缝分为多个部分,然后进行分段焊接,每个部分的焊接方向与整个焊缝的增长方向是相反的。

(29)分段跳焊方法是将焊接部件的接缝划分为多个部分,并按照既定的顺序和方向进行分段焊接,从而完成整个焊缝的焊接工作。

(30)单面焊指的是仅在焊接接头的某一侧进行焊接的方法。

(31)双面焊指的是在焊接接头的两侧进行焊接作业。

(32)单道焊接指的是仅通过熔敷一条焊道来完成整个焊缝的焊接工作。

(33)多道焊接指的是利用两条或更多的焊道来完成整个焊缝的焊接工作。

(34)多层次焊接:通过熔敷两个或更多的焊层来完成整个焊缝的焊接工作。

(35)分段多层焊接方法:焊件的接缝被细分为多个部分,然后按照工艺要求的顺序对每个部分进行多层焊接,最终完成整个焊缝的焊接工作。

(36)堆焊是一种焊接方法,目的是为了扩大或恢复焊件的尺寸,或者使焊件表面得到具有特殊性能的熔敷金属。

(37)带极堆焊是一种利用带状熔化电极来进行堆焊操作的技术。

(38)衬垫焊接是一种通过在坡口背侧放置焊接衬垫来进行焊接作业的技术方法。

(39)焊剂垫焊指的是使用焊剂作为衬垫进行的焊接工作。

(40)气焊是一种利用气体火焰作为热源的焊接技术,其中氧乙炔焊是最常见的一种。然而,最近液化气和丙烷燃气的焊接技术也得到了快速的发展。

(41)氧乙炔焊接技术:采用氧乙炔焰作为焊接手段。

(42)氧乙炔焰是由乙炔和氧的混合燃烧产生的火焰现象。

(43)中性焰定义为:在单一燃烧区域内,火焰既不含有过多的氧气,也不存在游离的碳元素。

(44)氧化焰描述的是火焰内部氧含量过高,这在尖形焰芯的外侧形成了一个富含氧且具有氧化特性的区域。

(45)碳化焰(也称为还原焰)是一种火焰,其中包含了游离的碳元素,这使得它具有很强的还原能力,同时也表现出一定程度的渗碳特性。

(46)焰芯指的是火焰内部,位于焊炬(或割炬)喷嘴孔附近的、呈锥形并具有光泽的区域。

(47)内焰指的是当火焰中碳气体含量过高时,焰芯附近会出现一个明显的富集区域,而在碳化的火焰中则存在内焰。

(48)外部火焰:指的是火焰围绕其核心或内部火焰进行燃烧的那种火焰。

(49)一次性燃烧是指可燃性气体在事先混合好的空气或氧气中进行燃烧。由一次燃烧产生的火焰被称为一次火焰。

(50)二次燃烧是指一次燃烧过程中的中间产物与周围的空气进行再次反应,从而产生稳定的最终产物进行燃烧。由二次燃烧产生的火焰被称为二次火焰。

三、压焊术语

(1)压焊是一种焊接技术,在焊接过程中,焊件必须受到压力(是否加热),以确保焊接的完整性。焊接技术涵盖了固态焊、热压焊、锻焊、扩散焊、气压焊以及冷压焊等多种方法。

(2)固态焊接是一种焊接技术,其焊接温度低于原材料金属和填充金属的融化温度,并通过加压实现原子间的扩散。

(3)热压焊是一种固态焊接方法,其特点是将工件加热并施加压力,使其产生明显的宏观形变。

(4)锻焊是一种固态焊接技术,其中工件被加热至焊接温度并受到击打,以确保其结合表面能够产生持久的变形。

(5)扩散焊是一种在高温条件下对工件施加压力,但不会导致明显的形变或相对位移的固态焊接技术。当采用这种技术时,接触面之间可以预先放置金属填充。

(6)气压焊是一种利用氧燃气对结合区进行加热和加压,从而实现整个结合面焊接的技术方法。

(7)冷压焊是一种固态焊接技术,其特点是在常温条件下,对焊接部位施加压力,导致该处发生明显的形变。

(8)摩擦焊是一种通过焊件表面摩擦产生的热量来实现结合面热塑性的压焊技术,随后进行快速的顶锻,从而完成整个焊接过程。

(9)爆炸焊是一种利用炸药爆炸产生的冲击力,使焊件迅速碰撞,从而实现焊件连接的压焊技术。

(10)超声波焊是一种利用超声波高频振动对焊接接头进行局部加热和表面清洁,然后施加压力以实现焊接的压焊技术。

(11)电阻焊是一种焊接方法,其中工件组合完成后,通过电极施加一定的压力,并利用电流通过接头结合面和附近区域产生的电阻热来完成焊接。

(12)电阻对焊是一种焊接技术,它涉及将工件组装为对接接头,确保两个工件的端面能够紧密接触,然后利用电阻的热效应将其加热至塑性状态,接着迅速施加顶锻力以完成焊接过程。

(13)闪光对焊是一种焊接技术:首先将工件组装为对接接头,然后接通电源,使工件的端面逐步靠近以实现局部接触。接着,利用电阻热对这些接触点进行加热以产生闪光,从而使端面的金属熔化。当端部在一定的深度范围内达到预定的温度时,迅速施加顶锻力来完成焊接。闪光对焊技术可以进一步细分为连续闪光焊和预热闪光焊两种类型。

(14)高频电阻焊是一种使用 $10\sim500\mathrm{kHz}$ 的高频电流来进行焊接的电阻焊接技术。

(15)电阻点焊是一种焊接技术,其中焊件被组装成搭接接头,并被紧密地压在两个电极之间,通过电阻的热解作用使母材金属熔化,从而形成焊点。

(16)多点焊指的是使用两对或更多的电极,或者按照自动控制流程同时焊接两个或更多的焊点。

(17)手压点焊是一种使用点焊枪并通过人工加压来完成的单面点焊接技术。

(18)间接点焊是一种特殊的焊接方法,其中焊接电流通过焊接点和远离焊点处的母材来构建电流回路,并在焊点侧施加压力以实现电阻点焊的效果。

(19)串联电阻点焊是一种电阻焊技术,它是通过串联电路在同一时间焊接两个焊点,采用点焊、缝焊或凸焊的方法。

(20)并联电阻点焊是一种电阻焊技术,它是通过并联电路来同时焊接两个或更多的焊点。

(21)脉冲点焊是指在一个焊接周期内,通过两个或更多的焊接电流脉冲进行点焊操作。

(22)胶接点焊是一种通过胶接来增强电阻点焊强度的焊接技术。

(23)缝焊技术涉及将工件组装成搭接或对接的接头,并将其放置在两个滚轮电极之间。当滚轮对工件施加压力并滚动时,它可以连续或断续地送电,从而形成一个连续的焊缝,这是一种电阻焊技术。

(24)滚点焊是一种焊接技术,其中工件被搭接并放置在两个滚轮电极之间,这些电极持续滚动并对工件施加压力,然后断续通电,从而焊接出具有特定间距的焊点。

(25)步进点焊是一种焊接方法,其中工件被放置在两个滚轮电极之间,这些滚轮电极会进行连续的加压和间歇滚动。当通电时,滚轮会停止滚动,而在断电时,滚轮也会滚动,这样交替进行以形成焊点。

(26)步进缝焊是一种特殊的焊接方法,其中工件被放置在两个滚轮电极之间,这些电极会持续加压并进行间歇性滚动。当滚轮停止旋转时,电源会被接通,而在滚动时,电源会被切断,这种焊接方式是交替进行的。

(27)凸焊是一种电阻焊技术,它首先在一个工件的接触面上制造一个或多个凸起点,使其与另一个工件的表面接触并进行电加热,接着将其压塌,从而使这些接触点形成焊点。

(28)电容贮能点焊是一种利用电容来储存电能,并迅速将其释放以进行加热,从而完成点焊过程的技术。

(29)在电阻焊过程中,电极对工件施加的压力被称为电极压力。

(30)在闪光对焊和电阻对焊的过程中,顶锻阶段对焊件端面施加的力量被称为顶锻力。

(31)顶锻所需时间:在电阻对焊或闪光对焊的过程中,顶锻力所维持的时长。包含有电顶锻的时间以及没有电顶锻的时间。

(32)焊接通电时间(也称为电阻焊):在电阻焊过程中的每一个焊接周期里,从焊接电流开始到电流停止的这段时间。

(33)间歇时间定义为:从焊接的通电阶段结束,直至下一个焊接点开始焊接的这段时间。

(34)休止时间是指在电阻点焊或缝焊过程中,两个相邻焊接循环之间的时间差。

(35)预热电流指的是在电阻焊过程中,预热阶段会通过焊件产生的电流。

(36)回火电流指的是在电阻焊过程中,焊件在回火加热时所流过的电流。

(37)闪光电流指的是在闪光对焊过程中,焊件的电流在闪光阶段被流过。

(38)在闪光对焊和电阻对焊的过程中,存在电顶锻阶段流经焊件的电流。

(39)分流指的是流经焊接主回路之外的电流。

(40)闪光是指在闪光对焊过程中,金属微粒从结合面间飞散而出的一种特殊现象。

(41)闪光留量指的是在闪光对焊过程中,考虑到工件可能因为闪光烧化而减少的预留长度。

(42)顶锻是指在闪光对焊和电阻对焊过程中,对工件施加特定的顶锻力,确保接头的接触面能够紧密接触,从而实现高质量的结合。

(43)顶锻留量:这是一个考虑到由于顶锻过程中工件长度缩短而预设的长度的指标。

(44)顶锻速度是指在闪光对焊和电阻对焊的过程中,动态夹具在顶锻阶段的移动速率。

（45）在电阻焊的操作过程中，活动电极需要在加压的方向上设定一个特定的移动距离。

（46）辅助行程指的是在电阻焊过程中，活动电极在其工作行程之外能够移动的距离。

（47）在闪光对焊、电阻对焊和摩擦焊的过程中，工件从动态和静态夹具中向外延伸的具体长度被称为调伸长度。

（48）关于总留量：在闪光对焊、电阻对焊和摩擦焊的过程中，需要考虑到工件在焊接时可能出现的总缩短，从而预留出的长度。

（49）熔核是指在电阻点焊、凸焊和缝焊过程中，工件结合面上融化的金属在凝固后所形成的金属核心。

（50）熔核直径定义为：在点焊过程中，与焊点中心垂直的截面上熔核的具体宽度；在进行缝焊操作时，需要在垂直焊缝的横截面上测量熔核的宽度。

（51）焊透率是指在点焊、凸焊和缝焊过程中，焊件的焊透程度。

（52）焊点间距定义为：在点焊过程中，两个邻近焊点之间的中心距离。

（53）边距定义为：从焊点（或焊缝）的中心到焊件的板边之间的距离。

（54）压痕是指在点焊和缝焊完成后，由于电流和压力的作用，在焊接部件的表面形成了与电极端部形态类似的凹痕。

（55）压痕深度定义为焊件表面到压痕底部之间的距离。

（56）电极头指的是在点焊或缝焊过程中，与焊接部件表面直接接触的电极端部。

（57）滚轮电极是用于缝焊和滚点焊的圆形电极。在焊接过程中，它会与焊接部件的表面产生接触，以实现导电和压力传递的功能。其中，与焊机的传动机构连接的部分被称为主动滚轮，而不连接的部分则被称为从动滚轮。

（58）电极滑移是指在点焊或缝焊过程中，电极在焊件表面发生滑动的情况。

(59)电极的粘损是指在点焊或缝焊过程中,电极的工作表面与焊件上的金属和氧化层发生粘连和污损的情况。

(60)贴合面是指在点焊或缝焊过程中,受到电极压力影响,两个焊件能够紧密接触的表面区域。

(61)缩孔是指熔化的金属在凝固时发生收缩,从而在熔核内留下的孔洞。

(62)喷溅是指在点焊或缝焊过程中,熔金属颗粒从焊件的贴合部位或电极与焊件的接触区域飞溅出来的情况。

(63)飞边指的是在电阻对焊和摩擦焊过程中,经过顶锻处理后,接头处残留的、向两侧卷曲的光洁金属。

四、钎焊术语

(1)钎焊技术涉及使用低于母材熔点的金属作为钎料,并将焊接部件和钎料加热至高于钎料熔点但低于母材熔化温度的水平。这样,液态钎料就能润湿母材,填补接头的空隙,并与母材进行相互扩散,从而实现焊件的有效连接。

(2)硬钎焊指的是利用硬钎料来完成的焊接工作。

(3)软钎焊指的是利用软钎料进行的焊接工作。

(4)硬钎料指的是熔点超过 450℃ 的焊接材料。

(5)软钎料指的是熔点低于 450℃ 的焊接材料。

(6)自钎剂硬钎料指的是钎料中含有能够发挥钎剂功能的成分的硬钎料。

(7)钎焊焊焊剂:这是在钎焊过程中使用的一种熔剂,通常简称为钎剂。其主要功能是去除钎料和基材表面的氧化物质,同时确保焊接部件和液态钎料在焊接过程中不受氧化影响,从而增强液态钎料对焊接部件的润湿能力。

(8)钎焊温度是指在钎焊过程中,为了确保钎料完全熔化并填充接头的空隙,以及与基材进行必要的扩散互动,所需的加热温度。

(9)烙铁钎焊指的是利用烙铁进行加温的柔软钎焊技术。

(10)火焰钎焊是一种使用可燃气体和氧气(或压缩空气)混合燃烧的火焰进行加热的焊接方法,可以分为火焰硬钎焊和火焰软钎焊两种。

(11)电阻钎焊是一种焊接技术,它可以直接通过电流连接工件或将工件放置在已通电的加热板上,并利用电阻热来实现钎焊。

(12)电弧硬钎焊是一种通过电弧对工件进行加热来完成的硬钎焊技术。

(13)感应钎焊是一种通过高频、中频或工频交流电感进行加热的钎焊技术。

(14)浸渍钎焊是一种通过将焊件部分或整体浸入盐混合物或液态钎料中,利用这些液态介质的热量将焊件加热至钎焊温度,从而实现钎焊的技术方法。浸渍钎焊可以分为两种类型:盐浴钎焊和在熔化钎料中进行浸渍钎焊。

(15)炉内钎焊是一种将已组装好的工件置于炉内进行加热和钎焊的技术方法。

(16)真空硬钎焊是指将已经装配好钎料的工件放入真空环境中进行加热,以完成硬钎焊的过程。

(17)超声波软钎焊是一种利用超声波振动来使液态钎料发生空蚀,从而破坏工件表面氧化膜的焊接方法,这有助于增强钎料对基材的润湿性。

(18)钎焊性是指在特定和适当设计的制造条件下,材料可以被硬钎焊或软钎焊,并且在短期内能够保持良好的运行性能。材料在钎焊加工中的适应性是指在特定的钎焊环境中,实现高质量接头的难度。

(19)润湿性是指在钎焊过程中,液态钎料对基材的浸润和附着能力。

(20)铺展性:液态钎料在母材表面的流动和展开能力,通常是通过一定质量的钎料熔化后覆盖母材表面的面积来衡量的。

第二节　常用金属材料的焊接性

一、金属材料焊接性的定义及其影响因素

　　焊接性描述的是在特定的焊接技术条件(如焊接方式、所用焊接材料、焊接技术参数以及结构设计等)下,金属材料获得高质量焊接接头的难度。它涵盖了两个主要方面,首先是结合性能,也就是说,在特定的焊接工艺条件下,焊接接头产生焊接缺陷的难度;其次是使用性能,也就是在特定的焊接工艺条件下,焊接接头对使用需求的适应性。

　　金属焊接性受到多种因素的影响,包括材料的化学组成、组织状况、力学特性等,设计的结构形态,焊接的方法和规范,以及工作的温度、负荷和环境等条件。

二、焊接性的评价

　　金属材料的焊接性主要受到其化学成分的影响。在生产过程中,通常会根据钢材的化学构成来评估其焊接性能。钢的焊接性受到其含碳量的显著影响。通常,我们会将钢中的合金元素含量对焊接性的作用转化为相应的碳元素含量,并采用碳当量(CE)方法来评估金属材料的焊接性能。

三、关于铸铁的焊接特性

　　铸铁具有较高的碳含量,并且含有大量的硫、磷等杂质,这导致其塑性和焊接性都相对较差。因此,铸铁并不适合作为焊接构造的素材。

　　在铸铁的焊接修补过程中,经常会出现焊接不足的情况:

　　(1)焊接接头容易形成白口结构:由于碳和硅是推动石墨化的关键元素,焊接过程中会有大量的烧损,且焊接后的冷却速度过快,这不利于石墨的释放,因此更容易形成白口结构。

（2）焊接过程中容易出现裂纹：由于铸铁是一种脆性材料，因此在焊接过程中容易形成白口组织和淬硬组织。当焊接产生的应力超出铸铁的抗拉能力，焊缝或其附近区域可能会出现裂痕，甚至可能会完全破裂。

（3）铸铁中的碳和硅元素在强烈的氧化作用下，会生成 CO 气体和硅酸盐熔渣，这些物质在焊缝中的滞留可能导致气孔和夹渣等缺陷的形成。

四、碳素钢及低合金结构钢的焊接性

在碳素钢中，低碳钢具有良好的塑性和较小的淬硬倾向，因此不容易出现裂纹。然而，在低温条件下焊接具有较大厚度和较高刚性的结构时，必须进行适当的预热处理，以避免产生裂纹；焊接关键结构后，需要进行去应力退火处理以减少焊接过程中的应力。中碳钢表现出明显的淬硬趋势，其焊接部位容易形成低塑性的淬硬结构和冷裂纹，焊接性能不佳。为了降低这种淬硬趋势和焊接应力，建议在焊接前进行预热，并在焊接后进行缓冷处理。高碳钢的焊接性能不佳，通常用于修复损坏的部件，焊接前的预热和焊接后的缓慢冷却也是需要注意的。

在低合金结构钢的焊接过程中，一个显著的特性是其热影响区具有明显的淬硬趋势，并且这种趋势会随着焊接强度等级的提升而明显增强；其次，热影响区存在冷裂纹的趋势，并且这种趋势会随着强度等级的增加而加剧，在具有较高刚性的接头中，甚至可能出现被称为"延迟裂纹"的现象"。

五、铜、铝及其合金的焊接性

在使用常规焊接技术进行焊接时，铜及其合金的焊接性表现不佳，这主要是因为它们更容易出现裂纹和气孔，从而导致焊接不完全和合金元素容易氧化。在铜及其合金的焊接过程中，常用的焊接技术包括氩弧焊、气焊、手弧焊和钎焊等，其中氩弧焊的焊接效果被认为是最为出色的。

铝及其合金在使用常规焊接技术时，其焊接性能表现不佳，这主要是因为它们容易氧化，容易形成气孔和裂纹。在铝及其合金的焊接过程中，常用的焊接技术包括氩弧焊、电阻焊、钎焊以及气焊等。

第三节　焊接工艺知识

一、焊接接头的基本形式

采用焊接方法连接的工件的接头称为焊接接头,焊接接头的基本形式分为对接接头、搭接接头、角接接头、T形接头、十字接头、端部接头、卷边接头和套管接头8种。

二、焊缝的种类

焊缝的种类很多,按其断续情况不同可将焊缝分为定位焊缝、断续焊缝、连续焊缝;按其空间位置不同可将焊缝分为平焊缝、横焊缝、立焊缝和仰焊缝。

三、焊接位置

焊接时工件连接处的空间位置叫做焊接位置。焊接位置分为平焊位置、横焊位置、立焊位置和仰焊位置。

四、坡口类型

焊接接头的坡口一般有 I 形坡口、V 形坡口、U 形坡口和 X 形坡口4种。

(1) I 形坡口通常被用于焊接厚度不超过 6mm 的金属板材。

(2) V 形坡口因其简洁的形状和便于加工的特点,成为最普遍应用于6~40mm 厚度工件焊接的坡口类型。

(3) U 形坡口通常被应用于厚板焊接工作中,由于其焊接变形较小,因此常被用于关键的焊接结构中。

(4) X 形坡口经常被应用于 12~60mm 厚度的板材进行双面焊接,焊接完成后,其残留变形相对较少。

第二章 焊接设备及调试

第一节 焊接设备

一、弧焊电源

弧焊电源是为焊接电弧提供电能,并且具有适宜该种焊接电弧特性的供电系统。供电系统除变压器、整流器或逆变器以外,所有其他各种电器元件,皆视为弧焊电源的组成部分。它可以供手工电弧焊、埋弧焊和各种气体保护焊等配套使用。

(一)电弧静特性

焊接电弧是一种在施加特定电压的电极之间或电极工件之间产生的强烈气体放电现象。焊接电弧一旦形成,弧柱内部便会充斥着高温电离的气体。焊接电弧能够将电能转化为热能,这在某种程度上与常规电阻相似,但与常规电阻相比,它又展现出了独特的属性。当电流通过普通电阻时,电阻两侧的电压下降总是与电流的值成正比,并且这个比值基本保持不变,也就是说,它遵循欧姆定律。当我们在坐标图上展示电阻电流与电阻两端电压下降之间的联系时,这条线被称为电阻的静态特性。然而,在电弧发生燃烧的情况下,电弧两侧的电压下降与流经电弧的电流值并不总是直接成正比,而且这一比值还会随着电流值的变化而有所调整(这并不符合欧姆定律)。在坐标图上,电弧电压与电弧电流之间的联系可以通过一条特定的曲线来描述,这条曲线被称为电弧的静态特性曲线。

当电弧的长度增加或减少时,其静态特性曲线会相应地向上或向下移动,但曲线的形态基本保持不变。基于焊接技术的需求,电弧焊的特性可以大致划分为几个主要类别：

（1）下降特性是一个适合于手工电弧焊应用的特性。该弧柱具有较低的电流密度，其截面能够自由扩张，并且随着 $I\pi$ 的增加，$U\pi$ 呈现下降趋势。

（2）平直特性是一个适合于手工电弧焊、埋弧焊和钨极氩弧焊应用的特性。该弧柱具有中等的电流密度，其截面能够自由扩张，并且随着 I 弧的增加，U_m 的值基本保持不变。

（3）上升特性是一种适用于埋弧焊（细丝）和熔化极气体保护焊的特性。当弧柱的电流密度较高或受到气体的压缩时，它无法自由地膨胀，但随着 I_a 的增加，U_a 会逐渐上升。

(二)弧焊电源的外特性

弧焊电源的外部特性描述了在特定范围内，弧焊电源的稳定输出电流与其端部电压之间的联系。根据之前讨论的电弧静态特性，为了实现焊接电弧从引弧到稳定燃烧的目标，电源需要按照特定的规律来提供相应的电压和电流。也就是说，电源在进行引弧操作时，需要为电弧提供较高的电压和较低的电流。当电弧持续稳定燃烧时，电流会上升，而电压则会迅速降低。有可能达到满额满足这一标准的电源被定义为具备急剧下降特性的电源。描述这种电源外部特性的坐标图曲线被称作电源的急剧下降特性曲线。

通常用于照明或动力的电源具有平外特性，也就是说，无论输出电流的大小如何，输出电压基本保持不变。这种电源具备突然下降的特性，不仅可以确保电弧的稳定燃烧，还能确保在短路时不会产生过大的电流，从而避免电流设备被烧毁。通常情况下，焊机的短路电流范围是焊接电源的120％至130％，但其峰值不会超过150％。此外，在气体保护焊和埋弧焊的等速送丝设备中，平特性也被引入。这种特性的显著之处在于，当输出电流在操作范围内逐渐增大时，端电压几乎保持不变（电压下降率不超过7V/100A，而电压上升时则不超过10V/100A），这也被称作恒压特性。电焊机的外部特性测试方法如下：首先选择一个与电焊机功率接近的可变电阻作为负载,然后选择一个电压表(量程 1~100V)和一个电流表(量程 1~500A)进行测试。通过调整电阻的数值,我们可以将读取到的电流和电压数值转化为坐标图,从而绘制出电焊机的外部特性曲线。

(三)弧焊电源的动特性

在焊接的全过程中,焊机所承受的负荷始终处于不断的波动之中。例如,在焊接过程中,焊条在引弧时与工件发生短路,然后突然被短路拉开。当焊条金属熔滴向熔池过渡时,焊条与工件发生短路,然后焊条又与母材分离,这些情况都可能导致电焊机的负荷发生急剧变化。

由于焊接回路中存在一定的感抗,电焊机的输出电流和电压不能迅速按照外部特性曲线变化,需要经历一个过渡阶段,才能在外部特性曲线的某个点上稳定。由于弧焊机结构的差异,其过渡阶段的表现也会有所不同,这种过渡阶段的表现被称作动态特性。弧焊电源的动态特性描述的是,在负载状态突然改变的情况下,输出电流与端电压与时间之间的相互关系。这描述了弧焊电源对于负载瞬时变化的响应特性。

(四)弧焊电源的负载持续率

弧焊电源的工作持续时间与其周期时间之间的比率被称作负载持续率,并用 DY 这一符号来表示。工作周期,也被称为全周期时间,涵盖了负载的持续时长和休息的时长。根据 GB/T8118—2010 的规定,周期分别是 5min、10min、20min 和连续。在设计焊机的过程中,负载持续率被视为描述某一工作模式的关键参数,并用百分比来表示。GB8118 规定了 35%、60% 和 100% 这三个比例。

(五)弧焊电源的额定电流

额定电流就是弧焊电源在负载持续率条件下,允许输出的最大电源。实际工作时间与工作周期之比称为实际负载持续率。

二、电弧焊机

电弧焊机按焊接方法可分为焊条弧焊机、埋弧焊机和气体保护焊机;按电极种类可分成熔化极和非熔化极两大类;按操作方法可以分为手工电弧焊、半自动焊和自动焊;按弧焊电源可分为交流弧焊机、直流弧焊机、脉冲弧焊机和逆变弧焊机。

(一)手工弧焊机

手工电弧焊所使用的焊机是一种额定电流不超过500A,并具备下降特性的弧焊电源设备。目前,在国内市场上,手工弧焊机主要可被分类为三大种类:弧焊变压器、弧焊整流器以及逆变整流器。

尽管交流弧焊机的成本相对较低,但其主要应用场景仅限于酸性焊条和交流钨极氩弧焊等。此外,它没有极性区分,电弧的稳定性较差,焊接的品质也不尽如人意。因此,在工业制造过程中的应用正在逐渐减少。随着我国电子组件品质的持续进步,交流焊机和整流焊机逐渐显示出被逆变焊机替代的趋势。

(二)埋弧自动焊机

埋弧自动焊机分为等速送线和变速送丝两大类,它由弧焊电源、控制箱、送丝机构、行车机构以及焊剂回收装置等多个部分组成。等速送丝的自动埋弧焊机使用了电弧的自我调节机制;变速送丝的自动埋弧焊机使用了电弧电压的自动调整系统。根据实际工作需求,自动埋弧焊机可以设计成各种不同的形态。如焊车式、悬挂式、门架式以及机床式等众多类型,其中MI-1000型焊机的应用尤为普遍。

(三)CO_2 气体保护焊机

CO_2 气体保护自动焊机由焊接电源、送丝机构、焊炬、气路系统以及控制系统等多个部分构成。

焊接小车通常是由送丝机构、行走机构和焊炬这几个部分组合而成的。气路系统是由减压表、预热器、干燥器以及流量计等部件组成的。

在 CO_2 气体保护的半自动焊机里,行走机构是不存在的,其余部分与自动焊机的构造大致一致。

CO_2 气体保护焊机主要依赖直流电源作为其电源来源。现在主要使用的电源类型包括硅整流和逆变电源。该电源的外部特性表现为平特性。之所以这样,是因为平特性配合等速送丝系统具有众多的优势,能够通过调整电源的空载电压来控制电弧电压;通过调整送丝的速度来调整焊接的电流。调整焊接的标准相对较为简便。

　　焊机的额定功率是基于焊件所需的电流范围来确定的。通常,电源的电流调节范围是 15～500A,电源的负载率应在 60%～100% 之间,而空载电压应在 55～85V 之间。

　　CO_2 气体保护自动焊的送丝机构与埋弧自动焊在基础上是相似的,但前者需要有更大的送丝速度调整范围。对于均匀调节式的送丝机构,其弧压调节系统的放大系数应该更大。

　　CO_2 气体保护的半自动焊有三种送丝方法:推式、拉式和推拉式。该设备的送丝机构包括单主动轮、双主动轮、两级主动轮、三钢球以及三滚轮等多种类型。滚轮压紧式的应用是最常见的。

　　CO_2 气体保护的自动焊和半自动焊用焊炬,通常需要拥有导电、导丝以及导气的特性。为了达到这些标准,我们在结构设计上需要考虑以下几个方面。

　　①焊气的进气方式有两种,即径向进气和轴向进气,以径向进气为好;

　　②进气孔应设在焊炬上部,且进气后有缓冲室,气路中装设筛流圈(筛流圈上有网孔)或铜丝网;气路尽可能长些,以防止气流紊乱;

　　③喷嘴的形状以 7°锥角和圆柱形末端为佳,喷嘴孔径一般为 16～26mm,喷嘴末端圆柱部分长度应不小于 1.5 倍的喷嘴直径;

　　④喷嘴应与导电部分绝缘;

　　⑤半自动焊用焊炬要轻便灵活,可达性好;

　　⑥当焊接电流较大时,应采用水冷焊炬。

　　氩弧焊机按焊接方法不同可分为钨极氩弧焊机和熔化极氩弧焊机两大类。

　　(1)钨极氩弧焊机钨极氩弧焊机又称作非熔化极氩弧焊机,有交流、直流、脉冲三种。

　　手工钨极氩弧焊机是由焊接电源、引弧和稳弧装置、焊枪、供气系统以及水冷系统共同构成的。自动钨极氩弧焊机的组成还涵盖了行走机构以及送丝设备。

交流氩弧焊机采用弧焊变压器作为焊接电源,通常需要在焊接电源回路中串联电容器组,以消除焊接电流中的直流分量,并加强阴极的清洁作用。

直流钨极氩弧焊机使用硅整流或逆变电源,采用正接法,具有急剧下降或垂直下降的外特性。没有专门的引弧和稳弧设备,存在两种不同的方法。

①高频发生器进行引弧操作。该高频发生器能够产生 150～260kHz、2500～3000V 的高频高压输出,能够穿透电极与工件之间的 3～5mm 的间隙,从而点燃电弧,并确保电弧持续燃烧;

②脉冲器进行引弧操作。在钨极和工件之间施加高压脉冲,导致两极之间的气体介质发生电离,从而点燃电弧。

脉冲钨极氩弧焊机的其他设备与直流氩弧焊机保持一致。

焊枪与焊枪的核心职责包括固定钨极、传输焊接电流和传递保护性气体。因此,它必须达到以下列出的准则:

①具备出色的电导特性;

②具有足够的冷却能力,以确保其能够持续稳定地工作;

③喷嘴与钨极之间的绝缘性非常好,避免了喷嘴和工件之间产生弧痕;

④具有轻便的重量、紧凑的结构设计、良好的可达性以及便于安装、拆卸和维护的特点;

⑤保护气流表现出优良的流动特性和适当的挺度,从而为焊接熔池区域提供了优质的保护;

⑥喷嘴的具体形状和尺寸是决定保护气层流状况的关键因素,通常应参考以下列出的参数:

$$DN=(2.5～3.5)dn \quad Lo=(1.4～1.6)DN+(7～9)$$

式中 DN——喷嘴内径(mm);dn——钨极直径(mm);Lo——喷嘴

圆柱部分长度(mm)。

(2)熔化极氩弧焊机的熔化极氩弧焊分为自动化和半自动两个模式。焊接设备主要包括焊接电源、送丝系统、行走结构或焊枪(半自动)、供气及水冷系统、控制系统这五个部分。

半自动氩弧焊的熔化极设备使用的是直流电源。焊丝的直径通常不超过 2.5mm,电流密度较高,电弧的静态特性呈上升趋势,因此电源的外部特性应选择平直或微升;在送丝过程中,通常选择推式或推、拉式、等速送丝方式,但送丝控制系统应具备较高的电流或电压反馈机制,并配备焊丝回抽引弧控制系统。

熔化极自动氩弧焊机经常采用带有电弧电压反馈控制系统的变速送丝技术。由于焊丝的直径通常超过 3.0mm,并且电弧的静态特性曲线表现为水平形状,因此电源应采用陡峭的外降特性和直流反接技术,同时配合均匀调节的送丝系统。

三、等离子弧焊机

(一)等离子弧焊机的组成

等离子弧焊机与氩弧焊机相似,都可以根据其操作方法被划分为手动焊接和自动焊接两个主要类别。手动焊接设备是由焊接电源、焊接控制电路、气体通道以及冷却水等多个部分构成的;自动焊接设备是由焊接电源、焊枪、焊接小车或旋转夹具、控制电路、气路和水冷系统等多个部分组成的。

根据等离子弧的电流强度,等离子弧焊机可以进一步细分为大电流等离子弧焊机和微束等离子弧焊机这两种类型。

(二)等离子弧的焊接电源

在等离子弧焊接过程中,通常使用直流电源。那些具备下降或垂直急剧下降特性的整流弧焊电源,均可被选为等离子弧焊接的电源来源。

当使用纯氩作为离子气时,电源的空载电压仅需在 $65 \sim 80V$ 范围内;当使用 H_2 含量超过 7% 的氩氢混合气作为等离子体气体时,其空载电压应控制在 110～120V 的范围内。

在大电流等离子弧焊接技术中,转移型电弧占据了主导地位。首先在钨极和喷嘴之间点燃非转移弧,接着利用微小的电弧将焊件靠近,从而在工件和钨极之间形成转移弧。一旦转移弧形成,就立即断开非转移弧。采用串联电阻 R 技术,可以实现非转移弧所需的低电流,因此两个电弧可以共同使用一个电源。

当焊接电流低于 30A 时,微速等离子弧焊接通常使用的是联合型电弧技术。在焊接的过程当中,必须同时确保转移电弧和非转移电弧的存在。因此,这款等离子弧焊机需要配备两套独立的焊接电源系统。

(三)焊枪

焊枪作为等离子弧焊机的核心组件,负责生成等离子弧。焊枪的构造直接决定了等离子弧的稳定性和焊接的品质。

①焊枪的构造主要包括上部枪体、下部枪体以及喷嘴这三个部分。上枪体的主要功能是固定电极,它主要由上枪水套、钨极固定机构、升降杆和调节螺母组成;下枪体的主要功能是固定喷嘴,除了配备下水套,它还主要由进气管和冷却水管(同时也起到导电作用)构成。喷嘴构成了一个单独的组件。

②压缩喷嘴是等离子弧焊枪的核心组件,其设计和大小对等离子弧的性能有着决定性的影响。压缩喷嘴主要有两个尺寸特点:第一个是喷嘴的孔径 d 与孔道的长度为 l。

通常情况下,"熔透焊"技术主要使用带有两个辅助小孔的喷嘴,这些小孔的孔径通常是 0.8mm,并且两个小孔之间的距离大约是 6mm。通过设置小孔,可以进一步压缩电弧,这比使用单通道喷嘴可以提高焊接速度 30%～50%,这种方法通常用于"穿透法"焊接;这种喷嘴具有收敛扩散的特性,主要应用于大厚度的焊接部件。它具备电弧的稳定性,并且不容易出现双弧的情况。

喷嘴通道的入口锥面角度被称为压缩角 ao,它对等离子弧的影响相对较小,但考虑到与电极锥角的匹配,通常推荐的角度范围是 60°至 75°。

喷嘴的孔径 d 大小是决定等离子弧能量密度的关键因素,这一决定应依据电流和离子气流量来进行。

一旦孔径被确定,孔道的长度 l 会增加,从而导致电弧的压缩也随之增大。在描述压缩特性时,通常采用 l/b 比,这一比例被称作孔道比。当孔道比超出某一特定值时,双弧的生成变得容易。因此,通常选择小孔径喷嘴的孔道比在 1.15~1.3 之间;建议使用 1~1.15 的大孔径喷嘴。

四、气焊设备

(一)氧气瓶
氧气瓶是贮存和运输高压氧气的容器。

(二)乙炔瓶
乙炔瓶是贮存和运输乙炔的容器。其外形比氧气瓶短小,内部为多孔填料,利用乙炔能大量溶解于丙酮的特性,将乙炔安全稳定地储存在瓶内。使用时,乙炔从丙酮中分解出来。石棉物的作用是帮助乙炔分解出来。乙炔瓶的工作压力为 1.5MPa。

(三)减压器
减压器的作用是把储存在气瓶内的高压气体减压至焊接需要的压力,并保护压力稳定。它的构造有双级式和单级式;按其工作原理可分为正作用式、反作用式和双级混合式。

(四)焊炬
在气焊过程中,用于调节气体的混合比例、流速和火焰的工具被称作焊炬。焊炬的主要功能是按照特定的比例混合可燃气体和氧气,然后以特定的速度将其喷射出来进行燃烧,从而产生具有特定能量、成分和形态的稳定火焰。

焊炬的质量直接决定了焊接的品质。因此,我们期望焊炬能够精确地调整氧气与可燃气体的比例和火焰的大小,同时确保混合气体的喷射速度与燃烧速度相匹配,从而实现稳定的燃烧过程;焊炬本身需要具有轻便的重量和良好的气密性,同时还需要具备耐腐蚀和耐高温的特性。

第二节 焊接设备的调试

一、焊机调试的内容

(一)焊机外观的检查

①焊机的机壳上装配了直径至少为 8mm 的防腐接地螺钉,并带有明确的接地标识(与焊机独立的低压电流调节器可以选择不接地);

②手柄或吊环必须是完整且可靠的;

③焊机的滚轮推进非常灵敏;

④在操作电流调节机构的过程中,动作必须是平稳和灵活的;

⑤铭牌的技术信息必须是完整的、准确的并且清楚的;

⑥机的涂层必须是平滑的、均匀的,不应有裂痕、气泡、脱落或流痕;

⑦焊机中的黑色金属部件,除了摩擦配合部分之外,都应该有防腐保护层,并且要符合 JB2836—1979(《电工产品的电镀层和化学覆盖层》)中的相关规定;

⑧用于测定焊机的尺寸,包括长度、宽度和高度(mm);

⑨称量焊机的质量为(kg)。

(二)电气绝缘性能的检查

对电气绝缘性能的检查,通常应满足下列要求:初级绝缘电阻应大于 $1M\Omega$ 次级绝缘电阻应大于 $0.5M\Omega$,控制回路绝缘电阻应大于 $0.5M\Omega$。

(三)空载运行调试

接通电源、水和气源,检查焊机各部分有无异常情况(如漏水、漏气、异常声响和震动等现象),仪表刻度指示应正确,机构运转应正常。

(四)负载实验及调试

根据焊机产品说明书所规定的焊接范围,对焊机进行了大、中、小三种不同焊接参数的试焊操作。通过使用最大和最小的焊接参数进行试焊,我们应该确保焊接过程的稳定性和焊接的高质量。在手弧焊技术中,我们主要关注焊接电流的大小进行试焊,目的是检验在最大和最小电流状态下的焊接稳定性,以及这种稳定性如何影响焊接的质量。评估焊机的技术性能是否达标,以及仪器的指示精度是否准确,都是进行鉴定的关键因素。

(五)电弧的稳定性和焊接试验

电弧稳定性不仅与焊机的固有性能密切相关,还与所用焊条的种类以及焊工的技能水平息息相关。实验应当在被测试的焊机的标准初级电压和标准频率下进行,并确保在整个实验过程中保持稳定。

(1)采用 E4303(J422)焊条的测试方法,我们使用了制造厂提供的焊接电缆和电焊设备,并按照适当的焊接标准进行了低碳钢板的俯位手弧焊接,确保电弧能够轻松点燃并稳定燃烧。此外,在使用上述焊条进行立焊和仰焊的过程中,熟练的焊工仍然能够轻易地点燃电弧并保持稳定的燃烧状态。以下是需要注意的事宜:

①在焊机定义的电流调整范围内,所有适用的不同直径的焊条都需要进行实验,并且电弧具有稳定的引燃和持续的特性;

②在进行焊接试验的过程中,焊接电缆的电压下降幅度不会超过 4V;

③即使被测试的焊机的标准初级电压下降了 10%,电弧依然可以稳定地燃烧。

(2)在使用 E4303(J422)焊条进行试验时,需要参考焊条允许的焊接电流值来进行低碳钢扳手弧堆焊的实验观察。在进行实际的焊接实验时,观察是必要的:

①电流调整的范围内,各个电流的电弧保持稳定;

②焊缝的形态是否呈现出光洁和平滑的特点;

③焊机的运行状态是否稳定。

(六)焊机附件及备件的验收

同型号焊机上能互换的零件应具有互换性,其互换性应在该焊机产品标准或专用技术条件中有所规定。将任意两台同型号焊机的可换件拆卸下,然后进行对调安装,可换件应能很容易地拆卸与对调安装。

对于重新装配的焊机应进行下列试验:

①电流调节范围的测定;

②最大负载强度试验。

重新装配的焊机应不影响原来的性能。

二、几种常用焊机的调试

(一)交流弧焊机的调试

(1)在进行外观检查时,机壳应配备 8mm 或更多的接地螺钉,并确保有明确的接地标识。焊机的滚轮需要具备高度的灵活性,同时手柄和吊环也必须是完整和可靠的。电流调节机构应动作稳定和灵活,铭牌的技术数据也应完备,而漆层应保持光滑,黑色金属部件也应配备保护层。

(2)绝缘性能的检验主要集中在测量线圈与线圈、以及线圈与地线之间的绝缘电阻值。所使用的仪器是兆欧表,其指示的量限不应低于 500MΩ,并且开路的电压应为 500V。在空气的相对湿度范围为 60%～70%,以及周边环境温度为 20℃±5℃ 的特定条件下,焊机的一次线圈的绝缘电阻应不低于 1MΩ,而二次线圈和电流调节器线圈的绝缘电阻则应不低于 0.5MΩ。

(3)焊机的性能测试通常使用不同直径的焊条和电流进行,通过观察焊接过程的稳定性和焊缝成形质量的高低,可以判断焊机对焊接电流大小的适应性。

(4)交流弧焊机的附件验收通常包括:一个手持式面罩和一个头罩式面罩,两根焊接电缆(大约 10m),一块黑玻璃(护目镜片),一把焊钳。

(二)手工钨极氩弧焊机的调试

从外观上看,它与交流弧焊机的检查结果几乎是一致的。

在进行绝缘性能的检验时,所有与主回路相关或回路与机壳间的绝缘电阻都应不低于 1MΩ,而其他的则不应低于 0.5MΩ。

1. 进行控制性能的实验测试

①具备提前输送氩气和延迟切断氩气的功能,其时间范围分别不少于 3 秒和 2～15 秒;

②在焊接前和焊接过程中,氩气的流速是可以进行调整的;

③在电极与焊件之间的非接触引弧间隙方面,当电流超过 40A 的情况下,击穿间隙应不低于 3mm;在电流低于 40A 的情况下,击穿的间隙必须不少于 1.5mm;

④当使用高频振荡器进行引弧操作时,引燃完成后应具备自动断开高频通道的能力;

⑤在使用水冷系统的情况下,如果水压低于规定的标准,应该能够可靠地切断主回路,暂停焊接,并发出相应的指示信号。

2. 结构系统性能试验

①电流在 160A 以下时焊炬可采用空冷,电流在 160A 以上时焊炬可采用水冷或空冷;

②水路系统在 0.3MPa 压力下应无漏水现象;

③保护气路系统在 0.1MPa 压力下应能正常工作。

3. 安全检查

①应有安全、可靠的接地装置;

②控制盒或焊炬的控制电路电压在交流时不超过 36V,在直流时不超过 40V。

4. 焊接试验

①按接线图正确接线;

②对电源、控制系统和焊炬分别进行检查,进行空载试验;

③分别对水路、气路、电路进行检查,看是否正常;

④按推荐焊接参数进行堆焊(长度为 300mm),观察设备运行是否正常以及焊道成形和保护性能是否良好。

(三)半自动 CO_2 气体保护焊机的调试

(1)在进行外观检查时,需要确认螺栓和螺母是否已经旋紧,同时也要检查焊枪、软管、送丝机构、调节装置、各类电器元件以及各种标志是否都是齐全、准确和可靠的。

（2）为了评估绝缘性能，我们使用了500V兆欧表进行测量。初级对地的绝缘电阻应不低于1MΩ，而次级对地的绝缘电阻应不低于0.5MQ。此外，控制电路和焊接回路对焊枪外壳的绝缘电阻也应超过0.5MO。

（3）在气路和水路的密封性检查中，当水压处于0.15～0.3MPa的范围内时，水路能够正常运行，并且没有出现漏水的情况。在气压达到0.3MPa的情况下，气管并没有出现明显的形变，同时接头也没有漏气的迹象。

（4）控制系统与送丝机构已经完成了所有连接线和管线的试验，连接了电路、气路和水路，并接通了加热器的电源，以检查加热器是否可以进行加热。请按下操作按钮，确保引弧前的保护气体不从喷嘴流出，并检查是否可以自动连接电源和焊丝；在停止焊接的过程中，是否可以自动切断焊丝和电源，并且在保护气体延迟之后也可以自动停止送气。

（5）安全检查。

①焊枪的外壳需要与控制电源和焊接电源进行绝缘处理；

②焊机的电源回路和焊接操作回路之间应该没有电的连接；

③焊机必须配备安全且稳定的接地系统；

④供电回路和高压带电区域都应配备相应的保护设备；

⑤对于容易与人体产生接触的控制电路，其交流电压的上限是36V，而直流电压的上限则是48V。

（6）焊接试验按推荐使用的焊接参数进行焊接试验，采用H08Mn2Si焊丝在低碳钢板上进行堆焊试验，应引弧容易，焊接过程稳定，飞溅不大，焊缝成形良好。

第三章 焊接材料

第一节 焊 条

在焊条电弧焊中,焊条与基本金属间产生持续稳定的电弧,以提供熔化所必需的热量;同时,焊条又作为填充金属加到焊缝中去。因此,焊条对于焊接过程的稳定和焊缝力学性能等的好坏,都有较大的影响。

一、焊条的组成及作用

用于手弧焊的涂有药皮的熔化电极被称作焊条。它是由焊芯与药皮这两个部分构成的。

焊条的引弧端通常会出现倒角,部分药皮被移除,从而露出焊芯的端部。某些焊条的引弧端涂抹了黑色的引弧剂,使得引弧过程变得更为简单。焊条的型号被印在靠近夹持端的药皮上。

(一)焊芯

焊条中被药皮包覆的金属芯称为焊芯。

1. 焊芯的作用

①作为电极产生电弧;

②焊芯在电弧的作用下熔化后,作为填充金属与熔化了的母材混合形成焊缝。

2. 焊芯分类及牌号

①根据 GB/T14957—1994《熔化焊用钢丝》的标准要求,专为生产焊芯和焊丝而设计的钢材可以被分类为碳素结构钢和合金结构钢这两种;

②在编制焊芯牌号时,所有的焊芯牌号都应以汉语拼音字母 H 作为

首字母,并紧随其后的是钢号,这种表示方式与高质量的碳素结构钢和合金结构钢是一致的。

如果钢号的末端标注了字母 A,那么它被认为是高品质的焊丝,其硫和磷的含量相对较低,且其质量比例不超过 0.030%。如果焊条钢的尾注中含有字母 E 或 C,那么它被定义为特级焊条钢,其中硫和磷的含量相对较低,E 级的硫和磷的质量分数不超过 0.020%,而 C 级的硫和磷的质量分数也不超过 0.015%。

(二)药皮

常用焊芯表面的有效成分称为药皮。

(1)药皮的作用。

①稳定电弧的功能。焊条的药皮内部包含了稳定电弧的成分,这有助于电弧更容易点燃并保持燃烧的稳定性。

②具有保护功能。焊条的药皮在熔化后会释放出大量的气体,这些气体覆盖了电弧区域和溶池,有效地隔离了熔化的金属与空气,从而保护了熔融金属。当熔渣冷却后,它会在高温焊缝的表面形成一个渣壳,这有助于防止焊缝表面的金属被氧化,从而减缓焊缝的冷却速度,减少焊缝金属的潜在危害,并确保焊缝金属达到预期的力学性能。

③种渗透合金材料。电弧在高温下会导致焊缝金属中的某些合金元素遭受烧损(如氧化或氮化),从而影响焊缝的机械性质。为了补偿这种烧损并增强焊缝金属的机械特性,我们在焊条的药皮中加入了铁合金或纯合金元素,使其随着药皮融化而转移到焊缝金属中。

④提高焊接过程中的技术性能。通过调节药皮的组成,我们可以调整其熔点和凝固温度,从而在焊条的末端形成一个套筒,产生有方向的气流,这有助于熔滴的过渡,满足不同焊接位置的需求。

(2)焊条药皮组成物分类焊条药皮组成物按其作用不同可分为:稳弧剂、造渣剂、造气剂、脱氧剂、合金剂、稀渣剂、黏结剂和增塑剂八类。

①稳定弧形剂。稳弧剂主要是由碱金属或大土金属金属的化合物构成,例如钾、钠、钙的化合物等,它的主要功能是改善焊条的引弧性能和提

高焊接电弧的稳定性。

②渣滓生成剂。这种类型的药皮成分能够在液态金属表面形成特定密度的熔渣,从而防止空气侵入。此外,它还具备一定的黏度和透气性,能够与熔池金属进行必要的冶金反应,确保焊缝金属的气体量和形状的美观性,例如钛铁矿、赤铁矿、金红石、长石、大理石、萤石和钛白粉等。

③造气添加剂。造气剂的核心功能是生成保护性气体,它也有助于熔滴的转变,这些成分包括碳酸盐矿石和其他有机物质,例如大理石、白云石、木粉和纤维素等。

④脱氧剂。脱氧剂主要用于对熔渣和焊接金属进行脱氧处理,常见的脱氧剂包括锰铁、硅铁、钛铁、铝铁和石墨等。

⑤合金添加剂。合金剂的核心功能是将必要的合金元素渗透到焊缝金属中,以补偿那些已经烧损或蒸发的合金元素,并补充那些有特殊性能需求的合金元素。常见的合金剂包括铬、钼、锰、硅、钛和钒的铁合金等。

⑥稀渣剂。稀渣剂的核心功能是减少焊接熔渣的粘稠度并提高其流动性,常见的稀渣剂包括萤石、长石、钛铁矿、金红石和锰矿等。

⑦粘合剂。黏结剂的核心功能是确保药皮与焊芯紧密地结合在一起。水玻璃是一种经常被使用的粘合剂。

⑧增塑剂。增塑剂的核心功能在于增强涂料的可塑性和滑动性,从而使其更容易被机械涂抹在焊接芯上。例如云母、白泥和钛白粉之类的物质。

二、焊条的选择和使用

(一)焊条的选择原则

焊条有许多不同的类型,而每一种焊条都具备其独特的属性和应用。在焊接准备过程中,选择合适的焊条是一个至关重要的步骤。在日常工作实践中,我们不仅需要深入了解各种焊条的组成、特性和应用,还需要根据焊接部件的实际情况、施工环境和焊接技术进行全面的考量。以下是具体选择准则的详细说明。

1. 考虑焊件的力学性能和化学成分

①对于一般的结构钢材料,焊缝金属和母材通常需要满足一定的强度标准,因此应选择抗拉强度与母材相等或略高的焊条;

②在合金结构钢的应用中,焊缝金属的主要合金成分通常需要与其母材金属保持一致或接近;

③当焊接结构具有较大的刚性、接头的应力较高以及焊缝容易出现裂纹时,可以考虑使用强度低于母材的焊条;

④当母材中的碳、硫和磷等元素含量过高时,焊接部位容易出现裂痕,因此建议使用抗裂性强的低氢焊条。

2. 考虑焊件使用性能和工作条件

①对于需要承受动态载荷和冲击载荷的焊接部件,除了要满足强度标准之外,还需确保焊缝拥有较高的韧性和塑性,因此应选择具有较高韧性和塑性指标的低氢型焊条;

②对于与腐蚀介质接触的焊条,应依据该介质的性质和腐蚀特点,选择合适的不锈钢焊条或其他具有耐腐蚀特性的焊条;

③对于在高温或低温环境中工作的焊接部件,建议选择合适的耐热钢或低温钢焊条。

3. 考虑简化工艺、提高生产率和降低成本

①在进行薄板焊接或点焊时,建议使用"E4313"焊件,因为这样的焊件不容易被烧穿,并且容易产生电弧;

②在确保焊件的使用性能和焊条的操作性能的基础上,应选择规格较大、效率较高的焊条;

③在确保使用性能大致一致的前提下,应优先选择成本较低的焊条,以减少焊接生产的总成本。

在选择焊条时,除了遵循上述的选择原则,有时为了确保焊接件的高质量,还需要进一步的试验来最终确认;为了确保焊工的身体健康,在条件允许的前提下,应优先选择使用酸性焊条。

(二)焊条使用前工艺性能试验

焊接电弧的工艺性能描述了焊条在实际操作中的表现,这是评估焊条品质的关键标准。焊条的各种工艺特性涵盖了焊接电弧的稳定性、再次引弧的能力、焊缝的性质、焊缝的形成、去渣的能力、对指定焊接位置的适应性、飞溅的比率、焊条的熔化行为以及产生的尘埃数量等方面。

(1)焊接电弧的稳定性测试表明,焊接电弧的稳定性会直接决定焊接的品质以及整个焊接流程是否能够持续且流畅地进行。焊接电弧的稳定性(也称为稳弧性)受到多种因素的影响,包括焊接电源的各种特性(如电源类型、空载电压和电源的动态特性等)、焊接的工艺参数,以及焊条的药皮成分等。在生产过程中,评估焊接电弧的稳定性通常有以下三种方法:

①在焊接的时候,可以直接用眼睛查看焊条的熔化状况。焊条具有良好的稳弧特性,其电弧燃烧过程平稳且温和,不产生噪音,不会熄灭电弧,熔滴微小,并以"雾状"的方式向熔池中喷出,给操作者带来一种轻松愉悦的体验。对于稳定性较差的焊条,其电弧在燃烧过程中会产生"劈劈啪啪"的声响,导致电弧不稳定、飞溅过多,从而容易断裂电弧。

②在特定的焊接技术和电源环境中,对电弧断裂时的弧长进行了测量。具体的操作步骤是:将焊条垂直地固定在支架之下,然后在焊条下方放置一块钢板,保持 2.5mm 的间隙,并使用石墨片作为引弧材料,当焊条融化到特定的弧长时,它会自动断弧。在断弧之后,要轻柔地敲掉焊条的熔渣,并清除焊条端部的熔渣,然后测量焊条的顶部和末端之间的距离,这个距离被称为断弧的长度。对每一种焊条进行三次测量,然后取其平均值。这种方法既简洁又精确,并且具备一定程度的比较性,因此被广泛应用。

③在特定的焊接技术和电源环境中,我们记录了焊接过程中电弧熄灭和喘息的次数,这些数据被用作评估焊条稳定性的关键参数。测量方法如下:使用相同的焊接机,并使用较低的空载电压,固定一个焊工,然后按照相同的标准在钢板上焊接完整的焊条。在焊接操作中,要仔细观察并详细记录灭弧和喘息的频率。

（2）焊条的再引弧性能测试是关于焊条在特定的焊接技术和电源环境下，当焊条的长度达到 1/2 时，需要暂停并在一段时间后再次引弧的难易程度。测量方法：在停弧大约 3 秒后，在试验用钢板（也称为试板）的另一侧，用焊条的熔化端与钢板轻轻接触，不进行敲击，不破坏药皮套筒，并观察再引弧的情况。

在进行再引弧性能的测试时，每种焊条需要测试 3 次，如果有两次或更多的焊条能够成功引燃，那么就可以认为其再引弧性能达到了合格标准。在实验过程中，我们通常使用焊条说明书里推荐的中限电流数值来确定焊接电流。

（3）在进行焊缝成形试验时，一个良好的焊缝成形应具备以下特点：焊缝的表面应是平滑的，焊缝两侧应保持整齐，波纹应具有美观性，并且焊缝的几何形状应是正确的，包括焊缝向母村的平滑过渡、无咬边和适当的余高。焊缝的表面成型不仅揭示了其外观上的问题，而且由于成型不佳，焊缝内部常常会出现如夹渣、未焊透、气孔和裂纹等多种缺陷，这些都会对焊接接头的机械性质产生不良影响。

焊缝表面的形成不仅受到操作因素的影响，还主要受到焊条药皮的熔点密度、熔渣的凝固温度、在高温条件下熔渣的粘性、表面张力以及电弧吹力等物理属性的制约。焊缝的形成评估是基于焊条规定的焊接位置来进行的。通常，焊接是在平焊的地方进行的，焊接完成后需要清除焊渣，并仔细观察焊缝的形态。

（4）脱渣性试验中，脱渣性描述的是焊接后对熔渣表面进行烘干和清除的难度。当脱渣变得困难时，生产效率会大幅下降，特别是在进行多层焊接时，这种影响更为显著。此外，这还可能导致如夹渣之类的瑕疵。因此，焊条的脱渣性成为评估其工艺性能的另一项关键指标。

有许多因素会影响焊条的脱渣性，因为不同焊条的熔渣物理特性各不相同，所以它们的脱渣性存在一定的差异，此外，焊接的位置和接头的形式也是影响因素。

在生产过程中，通常会在平板或坡口上进行焊接，或者使用实际工作中的接头方式进行焊接,以观察焊条的脱渣性能。

(5)对于能够适应平焊、立焊、横焊、仰焊和平角焊这5种不同焊接位置的焊条,我们通常称其为"全位置"焊条。由于各种焊条在电弧吹力和熔渣的物理特性(如熔点、黏度和表面张力)上存在差异,因此它们在不同的焊接位置具有不同的适应性。不同牌号的焊条适用的焊接位置,通常会在焊条的说明书中特别注明。除了一些特定的焊条,几乎所有的焊条都可以进行平焊操作。

在评估焊条在不同焊接位置的适应性方面,目前还没有科学的检测手段和方法。我们只能根据焊工的直觉来判断,这包括焊条的熔化状况、电弧的稳定性、熔渣的流动特性、脱渣能力、飞溅率和焊缝的形态等因素。

(6)飞溅率实验中,飞溅率描述的是在焊接过程中,金属颗粒和焊渣从熔滴或熔池飞溅出来,与填充金属的比例关系。当焊条飞溅过多时,可能会干扰焊接的正常流程,导致焊条熔敷的效率下降,并污染焊缝附近工件的外观,从而增加了清洁的工作量。

飞溅现象受到多种因素的影响,包括焊条的配方、偏心程度、工艺参数以及焊条吸湿能力等。焊条的飞溅程度通常可以通过飞溅率来评估,那些飞溅较大的焊条,其飞溅率通常也会更高。

常见的如钛型和钛钙型焊条,在焊接过程中,其熔滴主要呈现为细小的颗粒形态,电弧非常稳定,并且套筒中的定向气流有助于减少飞溅,因此它们的飞溅率相对较低。由于低氢型焊枪条的熔滴大多以大颗粒短路的方式进行过渡,这导致电弧的稳定性较差和焊条的大量飞溅。当使用更大的电流和更长的电弧进行操作时,这种飞溅现象尤为突出。

飞溅率的测试方法是这样的:将试样垂直放置在厚度为3~5mm的纯铜板上,然后在0.5~1mm厚的铜板上,用0.5~1mm厚的铜板围成高度为400mm、短轴为400mm、长轴为600mm的椭圆形筒体内进行焊条试验。对于每一种焊接,都需要选取3根用于测量质量的焊条(不包括焊缝和熔渣中的飞溅物),并据此计算焊条的飞溅率。注意事项:

①对于熔敷效率超过110%的焊条,通常的试板尺寸是250mm×

50mm×20mm,而对于 300mm×50mm×20mm 的焊条,其试板的尺寸应当是合适的;

②采用相同的焊接机器,并由一名相同的焊工使用相同的焊接技术进行操作;对于交流和直流两种焊条,建议使用交流电源来进行实验;

③焊接电流应根据焊条说明书推荐的最大电流值来选择;

④对于焊条和试板的称重,其精度应达到±1g,而飞溅物的精度应达到±0.01g;

⑤焊条的剩余长度通常不应超过 70 毫米。

(7)焊条的熔化特性受到多种因素的影响,包括电源类型、极性、焊芯成分和焊条药皮成分等。其中,焊条药皮成分是决定焊条熔化特性的主要因素。

(8)关于焊条的发尘量测试,结构钢焊条的发尘量按照相关的标准规定被划分为三个等级:≤10g/kg;重量范围是 10～15g/kg;重量为 15g/kg。

(三)鉴别焊条变质的方法

①当你把几根焊条放入手掌中并相互滚动时,如果它们产生了清晰的金属响声,那么这些焊条就被称为干燥焊条;如果听到深沉的沙沙声,那是因为焊条受潮了;

②在焊接回路中,焊条会短路几秒钟,如果药皮的表面出现粒状的斑点,那么这种焊条就是受潮的;

③受潮焊条的焊芯上经常出现锈迹;

④对于厚度较大的药皮焊条,当其逐渐弯曲到120°时,如果发现大块的涂料掉落或其表面没有裂痕,那么这种焊条就被定义为受潮焊条;干燥焊条在轻微弯曲后会发出轻微的脆裂声,并持续至120°,同时在药皮受到张力的一侧也会出现微小的裂口;

⑤在焊接过程中,如果出现药皮块状脱落或产生大量水蒸气并伴有爆裂,这通常意味着焊条是受潮的。如果药皮脱落,应当立即报废。尽管受到潮湿的影响,但情况并不严重,建议在焊条干燥后再进行使用。通常

情况下,焊条的焊芯存在轻微的锈点,这在焊接过程中基本可以保证其质量,但是对于工程用的低氢型焊条,一旦生锈就不能使用了。

第二节　焊　丝

随着焊接技术和机械化水平的持续进步,自动化焊接技术得到了飞速的发展,这也导致了焊接材料的产品结构和种类发生了显著的变化。在最近的几年中,焊丝的种类和数量都有了迅速的增长,特别是药芯焊丝,它的发展速度是最快的,并且其使用量也在年复一年地增加。在工业化程度较高的国家,焊丝在焊接材料中的占比已经超过 60%,但在我国,焊丝和焊剂的产出大约只占焊接材料总量的 25%,这一比例低于工业化国家。然而,随着社会对焊丝的需求增加和药芯焊丝生产技术的进步,预期在不远的将来,我国的焊丝生产将经历一个显著的跃进,并逐渐减少与欧美工业先进国家之间的技术差异。

一、焊丝的分类及特点

焊丝有多种分类方式,可以根据其适用的焊接技术、焊接材料、生产方法以及焊丝的具体形态等多个方面进行细致的分类。

(1)根据适用的焊接技术,焊丝可以被分类为埋弧自动焊焊丝、电渣焊焊丝、CO_2 焊焊丝、堆焊焊焊丝和气焊焊丝等几种。埋弧形焊所使用的焊丝主要分为实芯焊丝和药芯焊丝两大类。在生产过程中,实芯焊丝是最常用的,而药芯焊丝仅在特定的场合中使用。在 CO_2 气体保护焊技术中,药芯焊丝已被广泛应用。

(2)根据焊接的金属材料种类,焊丝可以被分类为碳素结构钢焊丝、低合金钢焊丝、不锈钢焊丝、镍基合金焊丝、铸铁焊丝、有色金属焊丝以及特殊合金焊丝等。

(3)根据制作技术和焊丝的形态,焊丝可以被分类为实芯焊丝和药芯焊丝这两个主要种类。药芯焊丝可以进一步细分为气体保护焊丝和自保护焊丝这两大类。

目前,常见的分类方法是根据其生产技术和适用的焊接技术来进行的。

(一)实芯焊丝的分类及特点

实芯焊是一种目前广泛使用的焊丝,它是由热轧线材通过拉拔加工制成的。为了避免焊丝生锈,需要对焊丝(不锈钢焊丝除外)的表面进行特殊处理,目前主要的处理方法是镀铜,包括电镀、浸铜和化学镀铜等。

实芯焊丝的种类繁多,包括埋弧焊、电渣焊、CO_2 气体保护焊、氩弧焊、气焊和用于堆焊的焊丝。

(1)在埋弧焊和电渣焊过程中,焊剂起到了对焊缝金属的保护和冶金处理作用。焊丝主要用作填充材料,并向焊缝中添加合金元素。这两种元素都直接参与到焊接过程中的冶金反应中,因此焊缝的成分和性能是由焊丝和焊剂共同决定的。

根据焊接材料的种类,埋弧焊丝可以进一步细分为低碳钢焊丝、低合金高强钢焊丝、Cr－Mo 耐热钢焊丝、低温钢焊丝、不锈钢焊丝以及表面堆焊丝等几种。

(2)气体保护焊的焊丝可以分为惰性气体保护焊(TIG、MIG)和活性气体保护焊(MAG)。在惰性气体中,Ar 气是主要的选择,而在活性气体中,CO_2 气体是首选。在 MIG 焊接过程中,通常使用 $Ar+2\%O_2$ 或 $Ar+5\%CO_2$ 作为焊接材料;在 MAG 焊接过程中,通常使用 CO_2、$Ar+CO_2$ 或者 $Ar+O_2$。

基于不同的焊接技术,气体保护焊用焊丝可以被分类为 TIG 焊接用焊丝、MIG 和 MAG 焊接用焊丝以及 CO_2 焊接用焊丝等几种。

(3)在自保护焊接过程中,实芯焊丝利用焊丝中的合金元素进行脱氧和脱氮操作,目的是减少空气中焊接熔池的氧和氮带来的负面效应。为了达到这个目的,除了增加焊丝中的 C、Si、Mn 的含量之外,还需要加入如 Ti、Zr、Al、Ce 等强脱氧元素。

(二)药芯焊丝的分类及特点

药芯焊丝是一种焊丝,它是通过将药粉包裹在薄钢带内,然后卷成不同的截面形状,并经过轧拔加工而制成的。药芯焊丝,也被称为粉芯焊丝、管状焊丝或折叠焊丝,主要用于气体保护焊、埋弧焊和自保护焊,是一种具有很大发展潜力的焊接材料。药芯焊丝粉剂的功能与焊条的药皮类似,但区别在于焊条的药皮被涂抹在焊芯的外层,而药芯焊丝的粉剂则被钢带包裹在芯部。药芯焊丝有可能被加工成盘状供应,这使得机械化焊接变得容易实施。

药芯焊丝的种类繁多,基于其结构特点,我们可以将其分类为有缝焊丝和无缝焊丝两大类。无缝焊丝具有镀铜的能力,其性能出色且成本较低,这已经是其未来的发展趋势。

(1)根据是否采用额外的保护气体进行分类,药芯焊丝可以被划分为气体保护焊丝(带有外部保护气体)和自我保护焊丝(不含外部保护气体)。相较于自保护焊丝,气保护药芯焊丝在工艺性能和熔敷金属冲击性能方面表现得更为优越,然而,自保护药芯焊丝具备更强的抗风性,因此更适用于室外或高层建筑的现场应用。

药芯焊丝可以作为气体保护焊的焊接材料,适用于熔化极(MIG、MAG)或非熔化极(TIG)。在 TIG 焊接过程中,实芯焊丝被广泛用作填充材料。焊丝中包含了具有特殊性质的造渣剂,因此在底部焊接时无需注入氩气进行保护。芯内的粉末能够渗透到熔池的背面,形成一层致密的熔渣保护层,这样焊道背面就不会受到氧化,冷却后的焊渣会很容易脱落。

MAG 焊接是指 CO_2 气体保护焊与 Ar 加的 CO_2 含量超过 5% 或 O_2 含量超过 2% 的混合气体保护焊的统称。因为添加了特定量的 CO_2 或 O_2,所以其氧化能力相对较强。MIG 焊接技术涉及使用纯 Ar 或在 Ar 中加入微量的活性气体,如≤2% 的 O_2 或≤5% 的 CO_2。

气电立焊用药芯焊丝是一种专门设计用于气体保护强制成形焊接技术的焊丝。为了实现向上立焊的目标,熔渣的数量不应过多。因此,在这种焊丝中,造渣剂的比例大约在 5%~10% 之间,并且还包含了大量的铁粉以及适量的脱氧剂、合金剂和稳弧剂,这样做是为了提升熔敷的效率和优化焊缝的性能。

(2)根据药芯焊丝的横截面结构进行分类,可以发现药芯焊丝的截面形状对于焊接工艺性能和冶金性能具有显著的影响。依据药芯焊丝的截面形态,可以将其分类为简单断面的 O 型和复杂断面的折叠型两种,而折叠型又可以进一步细分为梅花型、T 型、E 型以及中间填丝型等。

通常而言,药芯焊丝的断面形态越是复杂和对称,电弧的稳定性就越高,从而使得药芯在冶金反应和保护方面表现得更为出色。然而,随着焊丝直径的逐渐减小,这种差异也逐步减小。通常,当焊丝直径采用 O 形截面时,大直径(≥2.4mm)的药芯焊丝更倾向于使用 E 形、T 形等折叠形的复杂截面。

(3)根据焊丝芯部粉剂的成分与焊条药皮的相似性,药芯焊丝内填料粉剂可以根据是否含有造渣剂被分类为熔渣型(含造渣剂)和金属粉型(无造渣剂)两种。将粉剂加入到熔渣型药芯焊丝中,主要目的是为了优化焊缝金属的机械特性、抗裂能力和焊接工艺性能。

这些粉状物质包括脱氧剂(如硅铁、锰铁)、造渣剂(如金红石、石英等)、稳弧剂(如钾、钠等)、合金剂(如 Ni、Cr、Mo 等)以及铁粉等。基于造渣剂的种类和渣的碱性,我们可以将其分类为钛型(也被称为金红石型或酸性渣)、钛钙型(也被称为金红石碱型或中性或弱碱性渣)以及钙型(碱性渣)。

钛型渣系药芯焊丝具有美观的焊道形状和出色的全位置焊接工艺性能,电弧稳定,飞溅极少,尽管焊缝金属的韧性和抗裂性略显不足。钙型渣系药芯焊丝的焊缝金属具有出色的韧性和抗裂性,但其焊道的形成和焊接的工艺性稍显不足。钛钙型渣的性质位于前述两者的中间位置。

金属粉型药芯焊丝基本上不包含造渣剂,其焊接工艺性能与实芯焊丝相似,但其电流密度更为显著。这种焊丝以其高熔敷效率和少量熔渣为特点,其抗裂性明显优越于熔渣型药芯焊丝。这类焊丝的粉芯主要由金属粉(如铁粉、脱氧剂等)构成,其生成的渣量仅为熔渣型药芯焊丝的三分之一。多层焊接过程中不会产生清渣,从而进一步提升了焊接的生产效率。此外,还添加了特别的稳弧剂,使得飞溅减少,电弧更为稳定,并且焊缝中氢的扩散含量降低,从而提高了抗裂性能。

目前,我国的药芯焊丝产品主要分为三大系列:钛型气保护、碱性气保护和耐磨堆焊(主要是埋弧堆焊类),这些产品适用于碳钢、低合金高强钢、不锈钢等,基本上可以满足一般的工程结构焊接需求。关于产品的质量,用于结构钢焊接的 E71T−1 钛型气保护药芯焊丝已经实现了显著的质量提升,但碱性药芯焊丝的质量仍需进一步加强。

在气体保护电弧焊技术中,采用药芯焊丝取代实芯焊丝进行焊接,这无疑是一个技术上的巨大突破。药芯焊丝和实芯焊丝之间的共同点是相似的:

①与手工电弧焊焊条相比,可能实现高效焊接;

②容易实现自动化、机械化焊接;

③能直观察到电弧,容易控制焊接状态;

④抗风能力较弱,存在保护不良的危险。

与实芯焊丝相比,药芯焊丝具有不良的危险。

①药芯焊丝具有比实芯焊丝更高的熔敷速度,特别是在全位置焊接场合,可使用大电流,提高了焊接效率;

②焊道外观平坦、美观;

③烟尘发生量较多;

④当产生焊渣时,必须清除。

相较于实芯焊丝,药芯焊丝因其出色的工艺性、微小的飞溅、美观的焊缝形态、大电流全位置焊接的能力以及高效的熔敷效率而受到了广泛的关注。最近几年,用于全位置焊接的细直径药芯焊丝的使用量急剧上升,这些焊丝主要是钛型渣系,具有非常出色的焊接工艺性能。在过去,实芯焊丝所面临的众多挑战,例如大的飞溅、不良的成形和电弧硬化等,在使用细直径药芯焊丝进行焊接时,这些问题已经不再存在。药芯焊丝因其高效率和出色的焊接工艺特性,已经获得了多个行业部门的高度认可,被视为最有潜力的焊接材料。

二、焊丝的正确使用和保管

①焊丝通常是通过焊丝盘、焊丝卷和焊丝筒来供应的。焊丝的表面必须是平滑的,如果焊丝出现生锈,就必须使用焊丝除锈机去除表面的氧化层才能使用。

②对于两对相同型号的焊丝,当采用 $Ar-O_2-CO_2$ 作为保护气体进行焊接时,熔敷金属中的 Mn、Si 以及其他脱氧元素的浓度会显著降低,因此在选择焊丝和保护气体时需要特别留意。

③通常,实芯焊丝与药芯焊丝对于水分的变化并不敏感,因此无需进行干燥处理。

④购买焊丝后,应将其存放在专门的焊材库中(库内的相对湿度应保持在 60% 以下)。对于已经打开包装的未镀铜焊丝或药芯焊丝,如果没有专用焊材库,应在半年内使用。

第三节　焊　剂

焊剂是指焊接时,能够熔化形成熔渣和气体,对熔化金属起保护作用的一种颗粒状物质。焊剂的作用与电焊条药皮相类似,主要用于埋弧焊和电渣焊。

对焊剂的基本要求如下:

①具有良好的工艺性能焊剂应有良好的稳弧、造渣、成形和脱渣性,在焊接过程中,生成的有害气体要尽量少;

②具有良好的冶金性能通过适当的焊接工艺,配合相应的焊丝,能获得所需要的化学成分和力学性能的焊缝金属,并有良好的焊缝成形。

一、埋弧焊剂的分类

(一)按制造方法分类

①熔炼焊剂,根据焊剂的形态不同,有玻璃状、结晶状、浮石状等熔炼焊剂;

②烧结焊剂,把配制好的焊剂湿料,加工成所需要的颗粒,在 $750\sim 1000℃$ 下烘焙,干燥制成的焊剂;

③陶质焊剂,把配制好的焊剂湿料,加工成所需颗粒,在 $30\sim 500℃$ 下,烘焙干燥制成的焊剂。

(二)按焊剂碱度分类

①碱性焊剂,碱度 B>1.5;

②酸性烛剂,碱度 $B_1<1$;

③中性焊剂,碱度 B=1.0~1.5。

(三)按主要成分含量分类

①高硅型(含 $SiO_2>30\%$)、中硅型(含 $SiO_2 10\%\sim 30\%$)、低硅型($SiO_2<10\%$);

②高锰型(含锰 MnO>30%)、中锰型(含 $MnO_2 \%\sim 15\%$)、无锰型(含 $MnO<2\%$);

③高氟型(含 $CaF_2>30\%$)、中氟型(含 $CaF_2 10\%\sim 30\%$)、无氟型(含 $CaF_2<10\%$)。

二、埋弧焊剂牌号的编制

(一)熔炼焊剂熔炼焊剂的牌号的含义

①牌号用"HJ"表示熔炼焊剂;

②第一位数字表示焊剂中氧化锰含量;

③第二数字表示二氧化硅及氟化钙含量;

④第三位数字表示同一类型焊剂的不同牌号,按 0,1,2…顺序排列。

(二)烧结焊剂烧结焊剂的牌号含义

①牌号每一位用"SJ"表示;

②第一数字表示型号规定的渣系类型;

③牌号第二位、第三位数字,表示同一渣系类型焊剂的不同牌号,按01,02,09顺序排列。常用烧结焊剂牌号及用途。

第四节　钎　料

钎料指钎焊时用作形成焊缝的填充材料。

一、钎料的分类及型号编制

(一)钎料的基本要求

为满足接头性能及钎焊工艺的要求,对钎料的基本要求如下:

①有适合的熔化温度范围,熔化温度应低于母材熔化温度;

②在钎焊温度下,对母材有良好的润湿性,能充分填充接头间隙;

③与母材的化学物理作用,能保证它们之间结合牢固,满足钎焊接头的物理、化学、机械性能要求;

④化学成分稳定、钎焊温度下,元素烧损较少;

⑤尽可能减少稀有金属和贵重金属的含量,以降低成本。

(二)钎料的分类

根据熔化温度的不同,钎料一般可以被分类为两个主要种类。当液相线的温度低于450℃时,这种钎料被称为软钎料、易熔钎料或低温钎料。软钎料包括铅基、锡基、锌基、铟基、钯基等多种合金钎料。当液相线的高度超过450℃时,这种钎料被称作硬钎料,或者是难以熔化的钎料,甚至是高温钎料。这些物质包括铝基、锰基、铜基、镁基、镍基、银基、粉状和膏状这6种。

(三)钎料的型号(牌号)表示方法

钎料型号应根据国家GB/T6208—1995《钎料型号表示方法》的规定

标注。但此前,原冶金部、原机械电子工业部都分别制定过部分钎料标准,各钎料生产厂仍有使用旧牌号的现象,为此,将几种表示方法分别介绍。

(1)国标"GB/T6208—1995"规定的钎料型号表示方法:BX00XXX对于特定的内容,需要将元素和化学符号进行组合主要元素的化学标记以及它们在总质量中所占的百分比,包括软钎料和硬钎料的代号特列中的符号"V"是用来表示填空级的;在铜锌合金中,"R"既可以作为钎料使用,也可以作为气焊丝。

(2)原冶金部制定的钎料标准牌号表示法

(3)原机械电子工业部制定的钎料标准牌号表示方法原机械电子部制定的钎料标准中,其牌号的表示方法是用"HL"表示钎料,有时也用汉字"料"表示。

二、硬钎料的成分、性能及作用

(一)铝基钎料

铝基钎料是用于焊接铝及铝合金构件。以硅合金为基础,根据不同的工艺要求,加入铜、锌、镁、锗等元素,组成不同牌号的铝基钎料。可满足不同的钎焊方法、不同铝合金工件钎焊的需要。

(二)镍基钎料

镍基钎料展现出了出色的耐腐蚀和耐高温特性。

连接部位的操作温度能够达到大约 1000℃。向镍基钎料中添加铬元素,有助于增强其耐腐蚀和耐高温的性能;通过添加硅,可以有效地降低熔点,并增强材料的流动性以及填补缝隙的能力;通过添加硼和磷,可以增强其润湿性和展开能力;通过添加碳元素,熔化温度有可能得到降低;向钎料中加入少许铁元素,有助于增强其机械强度。

镍基钎料具有较高的脆性,主要以粉末形态供应,也有可能被加工成非晶态的箔材。该技术主要应用于奥氏体不锈钢、双相不锈钢、马氏体不锈钢、镍基合金和镍基合金的钎焊过程,同时也适用于碳钢和低合金钢的钎焊工作。该接头在液氧和液氮的低温环境中运行,并展现出了令人满意的性质。

(三)金基和钯基钎料

金基钎料的母材作用较轻,但其润湿特性表现出色。接头在高温下的强度、延展性、抗氧化能力和抗腐蚀特性都表现得相当出色。这种技术被广泛应用于高真空系列中的不锈钢、铁基和镍基高温合金部件的焊接,同时也被用于高温环境下真空电子部件和设备的生产。

HLAuNi17 具有适宜的熔点,并且在多个领域有着广泛的应用;HLAuPbNi34-37 在高温下具有出色的强度,因此在高温环境中使用时,需要确保接头的钎焊既有足够的强度又具有抗腐蚀特性。HLAu-Cu60 的金含量相对较低,且价格实惠,非常适合用于真空设备的焊接工作。由于各类金基钎料的成分各异,其熔化温度也存在显著的不同,因此可以依据不同的熔化温度来选择分阶段的钎焊方法。

钯基钎料具有出色的润湿性能,钎焊过程中饱和蒸气会降低,具有良好的延展性和高强度,同时对基材的熔蚀影响也相对较小。钎焊主要应用于航天、航空以及电子产业中的不锈钢和镍基合金部件。在较低的温度下,采用基银铜钎料进行分阶段焊接;钯基的银锰钎料被应用于高温的分步焊接过程中。Pd25AgCu 的综合性能相当出色。这种技术的应用范围非常广,能够替代用于焊接 427℃ 以下工作部件的金基钎料。采用 Pd2NiMn 和 Pd60Ni 钎料进行焊接的工件,能够在更高的温度条件下正常工作。

三、软钎料的成分、性能及用途

软钎料用于低温钎焊。它包括锡基、铅基、镉基、金基、镓基、铋基、铟基钎料等。软钎料可以制成丝状、片状、粉状及膏状等。

(一)锡基钎料

锡铅合金被认为是最早使用的软钎料之一。当锡的含量达到 61.9% 时,会形成锡铅的低熔点共晶,其熔点为 183℃。随着铅含量的逐渐增多,材料的强度也随之上升,特别是在共晶成分附近,其强度更为显著。由于锡在低温条件下会出现锡疫现象,因此使用锡基钎料进行低温工作的接头钎焊是不适宜的。铅具有一定程度的毒性,因此不适合用于焊接食品器具。通过在锡铅合金的基础上添加微量元素,我们可以增强液态钎料的抗氧化性能,使其更适合于波峰焊和浸沾焊的应用。采用加入锌、锑、铜的锡基焊接材料,具备出色的耐腐蚀和抗蠕变特性,使得焊接部件能够承受较高的操作温度。这类钎料不仅可以加工为丝、棒和带状供应,还可以进一步加工为活性松香芯焊丝。常见的松香芯焊丝牌号包括 HH50G 和 HH60G 等。

(二)铅基钎料

铅基钎料耐热性比锡基钎料好,可以钎焊铜和黄铜接头。HLAg-Ph97 抗拉强度达 30MPa,工作温度在 200℃时仍然有 11.3MPa,可钎焊在较高温度环境中的器件。在铅银合金中加入锡,可以提高钎料的润湿能力,加 Sb 可以代替 Ag 的作用。

(三)镉基钎料

镉基钎料是软钎料中耐热性最好的一种,具有良好的抗腐蚀能力。这种钎料含银量不宜过高,超过 5%时熔化温度将迅速提高,结晶区间变宽。镉基钎料用于钎焊铜及铜合金时,加热时间要尽量缩短,以免在钎缝界面生成铜镉脆化物相,使接头强度大为降低。

(四)锌基钎料

锌基钎料加入银、铜、铅可提高抗腐蚀能力,加入锡、镉可降低熔点,主要用于铝、铝合金及铜铝接头的钎焊。

(五)金基钎料

金基钎料主要用于半导体元器件的钎焊,它可以减少器件金镀层向钎料中过渡,有利于金镀层的稳定。

(六)低熔点钎料

镓基、铋基和铟基钎料是低熔点钎料的主要种类。镓基钎料的熔点相当低,通常处于 10～30℃的范围内。通过将 Cu、Ni 或 Ag 粉渗透到材料中,制作出复合钎料,并将其涂抹在焊接所需的位置。在特定的温度条件下,静置 24 至 48 小时后,由于扩散作用,钎焊接头得以形成。这类钎焊技术主要应用于砷化镓部件和微电子设备的焊接过程中。铋的熔点为271℃,它可以与铅、锡、镉、铟等元素形成低熔点共晶,铋基钎料比较脆,对钢、铜的润湿性不好,如果钎焊钢和铜,需要在表面镀锌、锡或银。这类钎料特别适合用于热敏感元器件的钎焊,以及在加热温度有限制的工件钎焊中使用。铟的熔点为 156.4℃,它与锡、铅、锌、镉、铋等多种元素形成了低熔点的共晶结构。铟基钎料在碱性环境中展现出较高的抗腐蚀性能,并对金属和非金属均展现出优越的润湿特性。钎焊接头具有低电阻率、良好的导电性和延展性,特别适用于具有不同热膨胀系数的材料进行钎焊。在钎焊领域,真空器件、玻璃、陶瓷以及低温超导器件都得到了广大的应用。

(七)膏状钎料

膏状钎料是由软钎料粉、钎剂和黏结剂混合制成的,主要用于微电子设备的组装和连接。在使用过程中,只需在接头位置涂抹膏药,并调整温度、时间等关键参数,就可以获得理想的接头效果。这类钎焊技术在电子设备的生产以及薄膜和厚膜电路的焊接过程中,都获得了广大的使用。所指的薄膜或厚膜电路是指在陶瓷、玻璃、宝石等基础材料上,通过蒸镀或溅射技术覆盖一层由钛、铂、镍、铬、金、钯等元素构成的薄膜。基于膜的各种特性,我们可以选择不同的膏状焊接材料。

第五节　其他焊接材料

一、气体保护焊用气体

在气体保护焊接过程中,这种保护气体不仅是焊接区域的防护介质,还是电弧生成的气体来源。因此,保护气体的属性不只是决定了保护的效果,它还会对电弧与焊丝金属的熔滴过渡、焊接时的冶金属性以及焊缝的形态和品质产生影响。比如说,保护气体的密度对其保护效果产生了显著的作用。当选择的保护气体的密度超过空气时,喷嘴喷出的气体可能会挤压焊接区的空气,并在熔池及其周边区域形成一个优质的覆盖层,这种情况下,它具有很好的保护效果。

保护气体的电和热物理特性,例如离解能、电离电位、热容量和导热系数等,不仅会影响电弧的点燃特性、稳定特性和弧态,还会影响焊件的加热和焊缝的成型尺寸。

保护气体的物理和化学特性不仅影响焊接金属(例如电极和焊件)是否会发生冶金反应和反应的激烈程度,还会影响焊丝的末端、过渡熔滴和熔池表面的形状等,最终会影响焊缝的成型和质量。

因此,在进行气体保护焊接,特别是在使用熔化极焊接的过程中,我们不能仅仅从保护的角度来选择保护气体的种类。相反,我们应该根据上述各个方面的需求,综合考虑选择最适合的保护气体,以实现最佳的焊接工艺和保护性能。因此,选择合适的保护气体是一项既重要又具有实践价值的任务。

(一)氩气

氩气是一种惰性气体,几乎不与任何金属产生化学反应,也不溶于金属中。氩气的、热物理性能使得其在焊接区中能起到良好的保护作用,具有很好的稳弧特性。因此,在气体保护焊中,氩气主要用作焊接有色金属及其合金、活泼金属及其合金以及不锈钢与高温合金等。氩气作为焊接保护气,一般要求纯度在 $99.9\%\sim91.999\%$。

(二)氦气

氦气属于一种不活跃的气体,由于其电离电位极高,因此在焊接过程中引弧具有一定的难度,同时电弧的引燃性能也相对较差。然而,在氦气与氩气的比较中,由于氦具有更高的电离电位和更大的导热系数,因此在相同的焊接电流和电弧长度条件下,氦弧的电弧电压会比氩弧更高,这使得电弧拥有更大的电功率,并因此向焊件传递更多的热量。这种材料适用于厚度较大的板材、具有高热导性或高熔点的金属以及对热敏感的物质。

氦作为一种保护性气体,由于其密度低于空气,因此为了在焊接区域提供有效的保护,其流动速度应当远超过氩气。此外,氦的稀缺性超过氩,并且其价格也相当高昂。现在,大部分国家仅在特定的情况下,例如在焊接核反应堆时,才选择使用氦作为保护气。

(三)氢气

氢气是一种具有还原性的气体,在特定的环境条件下,它能够还原某些金属氧化物或氮化物。由于氢具有极低的密度和较高的导热系数,使用氢作为焊接的保护气可以对电弧产生显著的冷却效果。此外,氢作为一种分子气体,在弧柱内会被吸热并分解为原子氢。这种分解会引发两种相反的反应:首先,当原子氢流到较冷的焊件表面时,它会形成分子氢并释放出化学能,为焊件提供额外的加热效果;另一个特点是,原子氢在高温条件下可以在液态金属中溶解,但其溶解能力会随着温度的下降而逐渐降低。因此,在液态金属冷凝的过程中,如果析出的氢不能及时逸出,焊缝中的金属很容易出现如气孔、白点等缺陷。因此,仅在原子氢焊过程中使用氢气作为焊接保护气是不合适的。由于原子氢焊的金属冷却速度相对较慢,这可能导致金属中的氢析出并逸出,从而减少焊缝出现缺陷的风险。

(四)氮气

氮气虽然是分子气体的一种,但在高温条件下,其分解的难度并不像氢气那么高。氮元素在高温条件下对铁、钛等金属具有显著的化学影响,并且容易与氧化反应生成一氧化氮,从而进入熔池,导致焊缝金属变得脆弱,因此在焊接这些金属时,不能使用氮作为保护气体。然而,氮元素对铜和镍并没有产生化学反应,而且氮是一种有助于奥氏体化的元素,在奥氏体不锈钢中具有较高的溶解性。因此,在进行铜及其合金的焊接或使用氮合金化奥氏体钢的过程中,可以考虑使用氮作为焊接保护气。另外,在执行等离子弧切割任务时,氮经常被用作离子气和保护气。

(五)二氧化碳

CO_2 是一种含有多个原子的气体,在高温条件下,它会吸热并分解为一氧化碳和氧气。因此,采用 CO_2 气体作为焊接的保护气体,可以对电弧产生显著的冷却效果,并且它还具备氧化特性。焊接实验结果显示,如果使用 CO_2 气体作为保护气体,那么必须实施有效的工艺措施,例如使用具有高脱氧能力的焊丝或添加额外的焊剂等,以确保焊缝金属的冶金质量。CO_2 气体主要被应用于焊接低碳钢以及低合金的结构钢。

随着焊接技术,特别是熔化极气体保护焊技术的进步和应用范围的逐渐扩大,选择保护气体时需要考虑的因素也相应增加,通常包括以下几个方面:①保护气体能够为焊接区域内的电弧和金属(如电极、焊丝填充、熔池以及高温焊缝及其附近地带)提供出色的防护效果;

②作为电弧的气体介质,CO_2 保护气体应当有助于点燃电弧并确保电弧的稳定燃烧,如稳定电弧的阴极斑点和减少电弧的飘动等;

③保护气体应当有助于提升焊接部件的加热效能,并优化焊缝的成型过程;

④在进行熔化极气体保护焊的过程中,所使用的保护气体应当有助于实现所需的熔滴过渡特性,从而降低金属飞溅的可能性;

⑤在焊接过程中,保护气体的有害冶金反应应当被有效地控制;

⑥为了降低焊接的生产成本,保护气体应当易于生产且价格合理。

遵循上述准则,除了单一成分的保护气体,现在还普遍使用由多种成分气体组合而成的混合保护气。这样做的主要目标是为了确保混合保护气展现出优越的整体性能,以满足各种金属材料和焊接技术的需求,从而实现最佳的保护效果、电弧特性、熔滴过渡特性以及焊缝的成型和质量。

二、气体保护焊用钨极材料

使用金属钨棒作为 TIG 焊接或等离子弧焊的电极被称为钨电极,也叫做钨极,它是不熔化电极的一种类型。

对于不需要熔化的电极,其基础特性包括:电流传导能力强、电子发射性能出色、在高温条件下不会熔化,以及具有较长的使用寿命。钨这种金属具有导电性,它的熔点(3141℃)和沸点(5900℃)都相当高。其电子输出功率为405Ev,并且具有出色的电子发射能力,因此它是电弧焊中最理想的不熔化电极。

在国内外,常见的钨极主要包括纯钨、钍钨极、铈钨极以及锆钨这四类。

三、碳弧气刨用碳电极

在焊接生产中,经常使用的碳棒类型包括圆形碳棒和矩形碳棒。前一种方法主要用于清理焊缝的根部、背面的开槽和清除焊接缺陷等,而后一种方法则用于去除焊件上的临时焊道和焊疤、清除焊缝的余高和焊瘤,有时也用于碳弧切割。碳棒的性能要求包括良好的导电性、高温耐受性、抗折断能力以及相对较低的价格。通常使用镀铜的实心碳棒,其镀铜层的厚度范围是0.3～0.4mm。国家标准对碳棒的品质和尺寸都有明确的规定。

针对不同的刨削技术需求,我们可以选择使用特制的碳棒。利用管状的碳棒可以使槽道的底部变得更宽;采用多角形的碳棒可以实现更深或更宽的槽道设计;这款用于自动碳弧气刨的设备,其前端和后端都配备了能够自动连接的自动气刨碳棒;添加了稳弧剂的碳棒适用于交流电刨的应用。

第四章 焊接电弧和手工电弧焊

第一节 焊接电弧的物理基础

电弧是所有电弧焊接方法的能源。了解电弧的物理本质是把握、运用和发展电弧焊接过程的基础。

一、气体导电机理

从物理学的角度看,电弧实际上是气体放电或导电的一种现象。在正常情况下,气体中不包含带电的粒子,也就是说它是由中性的分子或原子构成的。为了让气体具有导电性,首先需要一个使其生成带电粒子的步骤。因此,气体的导电特性和规律与金属有着显著的差异,金属是通过自由电子在外部电压的影响下进行定向流动来实现导电的。只需在金属的两端施加电压,金属内部便会形成电流,并且这个电流的大小会与施加的电压成正比增长。气体的导电性质是截然不同的,通常在气体的两端通过两个电极施加电压是无法使其产生电流的。在产生电流之前,首先需要采取其他方法使其产生带电粒子,如在焊接过程中经常将两个电极短路并迅速拉伸,然后才能在外部电压的作用下产生电流;在气体导电的过程中,电流与电压之间的联系并不是简单的,而是一个复杂的曲线关系;也就是说,在不同的电流范围内,维持气体导电的电压数值会有很大的变化。电弧是一种气体导电或放电现象,具有电流最大、电压最低、温度最高和发光最强的特点。除了这些,还存在着低电流的辉光放电、微电流的暗放电和极微小电流的非自持放电现象。后者在提供带电粒子时,除了依赖外部电压,还需持续采取其他手段。电弧、辉光和暗放电在初始阶段只需通过其他手段稍微触发,当带电粒子生成后,只需增加电压即可保持其导电特性。因此,这三个概念被统一称作自持放电。值得注意的是,在不同的气体介质和气压条件下,产生不同放电形式的电流和电压条件是不一样的。气体的导电特性和规律为何与金属存在如此显著的差异呢?那么,如何让气体生成带电的粒子,从而从非导电状态转变为导电状态呢?接下来,我将进行一个简短的分析。

(一)激发与电离

在特定的环境条件下,中性气体分子或原子被分解为正离子和电子,这一过程被称作电离。当单原子中性气体粒子失去其最外层的第一电子时,所需的最小外加能量被称为第一电离能,这通常是以电子伏(eV)为计量单位的。为了便于操作,通常会将以电子伏为单位的能量转化为在数值上一致的电压进行处理。在实际应用中,气体电离的难易程度通常是通过电离电压(单位为V)的高低来直观表示的。在相同的外部能量影响下,电离电压较低的气体更容易生成带电粒子,这有助于电弧的点燃和稳定性。

当外加能量低于电离能的情况下,中性粒子的最外层电子可以从原先的较低能级跃迁到更高的几个能级,这一现象被称为激发。激发中性原子所需的最小外部能量被称为激发能,而以V作为单位表示的激发能则被称作激发电压。被激发的中性粒子处于一种不稳定的状态。该粒子的外层电子并没有摆脱原子核的限制,因此它对外部环境仍然保持中性。因此,受激粒子仅能在较短的时间内存在。电弧发出的辐射光反映了多种受激粒子从不同能级恢复到基态的过程。

在焊接电弧的过程中,根据产生电离的中性气体粒子的外部能量来源的差异,可能会有几种不同的电离或激发方式:

(1)发生热电离现象。当气体粒子受到热量作用时,产生的电离现象被称为热电离。当气体的温度升高时,气体粒子的移动速度和动能也随之增大。在特定的温度条件下,气体粒子的质量越轻,其运动的速度就越快。气体中的粒子在热运动过程中表现出无规律的行为,这导致粒子间经常发生碰撞。如果粒子移动的速度足够快,它们之间可能会产生非弹性的碰撞,从而导致气体粒子发生电离或被激发。显然,热电离在本质上是由于粒子之间的碰撞导致的电离现象。弧柱的温度通常落在 $5000\sim30000K$ 的区间内,而热电离过程是弧柱部分生成带电粒子的主要方式。弧柱的电离程度主要是由温度所决定的。在电弧中,气态元素的电离电压按照以下顺序排列:He、F、N_2、H_2、CO_2、C、Cl、Fe、Cr、Ni、Ca、Na、K。在这之中,He 的最高值是 24.5V,而 K 则是 4.3V。电弧气体的组成通常是由多种不同成分构成的复合体,因此通常使用平均电离电位作为衡量和比较其电离难度的标准。很明显,电弧中的高电离元素和成分越多,它的平均电离电压也就越高。

(2)在电场的影响下发生的场致碰撞电离现象。在外部电场的影响下,带电粒子的定向移动也可能导致碰撞事件。例如,当高速电子与中性分子发生碰撞时,由此产生的电离效应被称为场致碰撞电离。这样的电离过程仅在电弧的近极区域发挥了关键角色。

(3)光的电离过程。当气体粒子受到光的辐射并吸收光量子的能量时,这种电离现象被称为光电离。对于电离能量不同的气体,都有一个特定的临界波长可以产生光电离。波长越短,能量就越高,只有当接收到的光的辐射波长小于临界波长时,中性气体粒子才可能被电离。经过实际测试,我们发现电弧的光辐射可能会对 K、Na、Ca、Al 等金属蒸气产生直接的光电离效应,其中光电离是电弧生成带电粒子的一个辅助路径。

(二)复合和亲和

值得注意的是,当气体粒子发生电离时,带有异性电荷的粒子也可能碰撞,导致正离子与电子结合,形成中性粒子,这就是中和消离的现象。一个特定的电离度实际上代表了电离与复合过程中的一种相对稳定的动态均衡状态。另外,在电离气体中,原子或分子可能与电子结合,形成负离子,这一过程释放的能量被称为电子亲和能。仅当电离势和亲和能都较高的元素(如 F、Cl、O 等)时,负离子的生成才会相对容易。元素的电离能和亲和能的总和被定义为电负性。电弧的导电稳定性受到负离子出现的不良影响。

(三)电子发射

当金属表面吸收外部能量并释放出自由电子时,这种现象被称作阴极表面电子发射。金属在发射电子时所需的最小外部能量被称为逸出功,其数值主要以 eV 和 V 来表示。逸出功的数值越低,发射电子的可能性就越大。由于不同的外部能量施加方式,电子发射存在几种不同的类型。

(1)进行光线的发射。当金属表面吸收了光射线的能量并释放出自由电子时,这种现象被称为光发射。对于各类金属和氧化物,只有当其发出的光射线波长低于能让它们释放电子的最大波长时,才会产生光发射。

(2)进行热发射操作。当金属的表面被加热时,其内部的自由电子的热运动速度会加快,当这些电子的动能超过其逸出能量时,它们会从表面逸出,这种现象被称为热发射。在焊接电弧的过程中,热发射扮演着至关重要的角色。在温度相对较低的情况下,热发射能力较弱,但随着温度逐渐升高,热发射速度会急剧增加,然而当温度升至较高水平后,热发射的速率会相应地减缓。当金属表面存在氧化物和其他杂质时,其逸出效率会显著降低。在各种金属中,逸出功的大小顺序是 W、Fe、Cu、Al、Mg、Ca、K,其中 W 的逸出功率最高,为 4.54V,而 K 的逸出功率最低,为 2.02V。

(3)利用电场进行发射。当阴极附近的空间存在强烈的正电场时,尽管温度不是很高,但在一定程度的电场静电库仑力作用下,电子能够飞出金属表面,这一现象被称为电场发射或自发射。电场的强度越高,在特定的温度条件下,发射电子的电流密度也会相应增大。在焊接电弧的过程中,自发射也扮演着至关重要的角色。

(4)通过碰撞来进行发射。当高速移动的粒子与金属表面发生碰撞,它会把能量传给金属表面的电子,从而使电子逸出,这一过程被称为碰撞发射。

当两个极间的气体通过上述路径生成带电的质点时,这些气体便会开始导电,并在特定的条件下保持电弧的状态。

二、电弧的构造及电特性

(一)电弧的构造

电弧是由三个部分构成的:

(1)阴极上的斑点与阴极的区域。在阴极表面释放电子的高温区域被称作阴极斑点,并且这一区域也会受到来自弧柱区正离子的部分轰击。

所谓的阴极区,是指位于阴极外侧,与阴极斑点紧密相连的导电区域,其长度大约在 $10-4cm$ 之间。在这一特定区域,人们普遍认为电子与其他粒子之间不会产生碰撞,因此仅会有来自阴极表面的电子流和从弧柱区流向阴极的正离子流发生。电子流与离子流之间的比率可能会因电极的材质和电流的强度而有所不同。当使用钨、碳等高熔点材料作为阴极,并且电流充足,且阴极电子主要通过热发射方式时,电子流可以达到 99.9%。在电流较低或使用熔点较低的 Fe、Al、Cu 作为阴极的情况下,阴极电子会同时以热和电场的形式发射,其正离子的比例可能会超过 0.1%。在低电压和小电流的环境中,正离子流的比例可能会更高。

(2)在弧柱的区域内。它的长度可以被认为是电弧的真实长度。在这一特定区域,气体离子经历了多种电离、复合和亲和过程,从宏观角度看,正电荷和负电荷呈现出平衡状态。然而,通过电子向阳极区的移动和正离子向阴极区的移动,弧柱得以维持其导电性质,并同时发出弧光。由于正离子的质量较大,导致其定向移动变得困难,因此通常认为在弧柱电流中,电子流的比例高达 99.9%,而正离子流的比例仅为 0.1%。

(3)阳极区域以及阳极上的斑点。位于阳极附近的气体导电区,其长度大约在 $10-4cm$ 之间,被称作阳极区。在阳极上,那些接收到 100% 电子流的高温部分被称作阳极斑点。这片区域已经停止了碰撞,并且其电流完全由电子流组成。因此,0.1% 的离子流在弧柱中被视为是从阳极区和弧柱的交界处产生的。

(二)电弧中的电压分布

实测证明:沿着电弧长度方向的电压分布常常是不均匀的,靠近电极部分产生较大的电压降,而沿着弧柱长度方向的电压降可以认为是均匀分布的。

(三)电弧的伏安特性

当一定长度的电弧稳定燃烧时,电弧电压与电弧电流之间的相互关系被称为电弧的静态伏安特性,也可以简称为电弧的静态特性。通过实际测量典型焊接电弧的静态特性曲线,我们可以观察到其处于非线性的状态。这样做的背后原因包括以下几个方面。

(1)在小电流条件下,阴极的低温热发射能力相对较弱,阴极区的正离子流比例增加等同于在阴极区累积正电荷,也就是说,只有提高阴极的压降,才能依赖电场发射来维持阴极电子的发射。因此,当电流减小时,电弧的电压需要增加。

(2)阴极的斑点面积、弧柱的截面面积以及它们的温度和电离度都会随着电流的变化而发生改变。在小电流的情况下,它们都可能随着电流的增长而上升,但当达到某个阈值时,它们都会达到饱和状态。如果将电弧视为一个圆柱状的导电实体。由于使用了不同的电极材料和不同的电流范围,不同的电弧焊技术通常只在具有"U"形特征的特定段落中工作。在平直段工作的是手工电弧焊的电弧静态特性。很明显,气体介质的成分比例、电弧的长度和电极材料的变化,都会对电弧的静态伏安特性产生影响。

三、电弧的热源特征

根据实际测量,不同的电极材料在阴极和阳极的温度范围可以达到2200～4200K。通常情况下,阳极的温度会高于阴极的温度,并且都会低于电极材料的沸点。尽管如此,大部分位于电弧阴极或阳极的金属都可以达到熔化的温度,并有可能释放出微量的金属原子蒸汽。

弧柱的温度会受到电极的材质、气体的介质(包含金属蒸气的成分)

以及电流的大小等多种因素的作用。在常压条件下,当电流范围在 1～1000A 之间变动时,弧柱的温度可以维持在 5000～30000K 的范围内。

第二节　手工电弧焊的基本特征

一、手工电弧焊的过程和应用特征

(一)手工电弧焊接过程

手工电弧焊是一种特殊的电弧焊接技术,其中焊工手持夹有焊条的焊钳进行焊接操作。焊条与工件产生的电弧会使工件在局部区域加热至熔化状态,从而形成熔池。在电弧的作用下,焊条作为一个电极的端部会不断熔化,形成熔滴并进入熔池。当电弧逐渐向前移动时,熔池的尾部液态金属开始逐渐冷却并结晶,最后导致焊缝的形成。

(二)手工电弧焊的应用特点

1.设备简单,机动灵活,适用面广

手动电弧焊设备只配备了一台交流或直流电源,外加一把焊钳和一个面罩。它不仅需要较少的投资,而且维护方便,同时还具有很高的机动性和灵活性。无论是室内还是室外工作,无论是水平还是垂直焊接、横向焊接还是仰向焊接,以及对接、搭接、角接等各种尺寸的结构产品,无论是长短直缝、环缝还是各种曲线焊缝,都可以采用。可用于焊接的材料种类繁多,包括但不限于碳素钢、低合金钢、不锈钢、铜合金以及镍合金等。几乎所有的行业都可以看到这一现象。直到现在,这种焊接技术仍然是应用最广的,工业发达的国家也不是例外。

2.手工操作,劳动强度大,生产率低

为了实现优质的焊缝形成、高质量的焊接以及高的生产效率,焊工的操作技巧显得尤为关键。然而,焊工需要在高温和尘雾的环境中工作,这种恶劣的工作条件、高强度和低生产率是其主要的不足之处。

二、手工电弧焊的操作要领和参数

(一)引弧

手动电弧焊使用短路击打或划擦的方式来点燃电弧。它的物理特性是利用短路电流对短路接触点的金属表面进行加热。当焊条被向上(通过敲击法)或从侧面(通过划擦法)拉起时,阴极的表面会因为热量和电场而产生电子发射,这会导致两极之间的气体分子电离,从而点燃电弧。

(二)运条

选择恰当的运条技术是确保获得高品质焊缝的关键要素之一。运条涉及三个主要动作:沿着焊条的轴线推进、在焊缝上的移动以及横向的摆动。通过横向的摆动,可以扩大焊缝的宽度,确保焊缝两侧的良好熔合,同时也能延长熔池金属的结晶时间,这有助于熔渣的浮起和气体的释放。根据接头的设计、组装时的缝隙、焊接空间的具体位置、焊条的直径、电流的幅度以及焊工的技术能力等多种因素,摆动方式可以灵活地进行。对接接头可以适应这些摆动的方式。

(三)焊缝的起头、收尾和接头

1.焊缝起头

开始焊接时工件是冷的,可在引燃电弧后稍微拉长,对焊件进行必要的预热,然后适当压低电弧转入正常焊接。

2.焊缝的收尾

如果焊缝的终点熄弧操作不恰当,那么在熄弧位置的焊缝可能会形成较深的弧坑,这不仅会降低其强度,还可能导致弧坑出现裂纹,甚至可能形成气孔等其他缺陷。为了防止弧坑的产生,必须采用恰当的收尾方法。所使用的技术手段为:执行划圈并结束的方法。在弧坑位置进行圆形移动,填满弧坑以拉断电弧,这种方式特别适合于厚板的应用;采用多次断弧的方法。这种材料适合用于薄板焊接和大电流焊接的最后阶段,但对于碱性焊条则不太适用;采用向前移动并结束的方法。焊条缓缓地被提起,并被引导至尚未焊接成功的母材坡口之内。这种方法特别适用于替换焊条或在临时停弧结束时使用。采用后移的结束技巧。焊条应向焊缝处倾斜一定的角度,填满弧坑,这样更适合作为碱性焊条使用。

3.焊缝的接头

每换一根焊条会有一个接头,保证焊缝接头宽窄的均匀性,也是操作时要注意的。

(四)焊接参数

除了焊工的操作能力外,正确选择电焊条和直径、电流(电源)的种类和极性、焊接电流的大小、焊接层(道)次等参数,是提高手工电弧焊的质量和生产效率的关键。因此,在产品制造的工艺文档中,这些参数通常都需要被明确规定。

电焊条的种类应依据焊件的材料来选择,而其直径则应依据板材的厚度、坡口状况以及焊件的具体位置等因素来决定,有时还需考量材料的热敏感性。对于普通的薄板和带有坡口的焊接底层,推荐使用细直径的焊条。对于那些横焊、仰焊和热敏感性极高的材料,选择粗直径的焊条是不合适的。焊条的种类决定了电流的种类和极性。焊接部件的层数(道)是由板材的厚度和坡口的设计所决定的。焊接时的电流是由焊条的直径和种类决定的,通常以焊条直径平方的10倍安培数作为最小界限。焊工可以根据自己的专业技能和工作习惯进行适当的调整,而无需坚持一刀切的做法。

在手工焊接过程中,电弧电压和焊接速度的确定完全依赖于焊工的操作习惯,通常不会进行参数条件的选择。

三、手工电弧焊机－弧焊电源

(一)对弧焊电源的基本要求

1.电源外特性

当处于稳定状态时,弧焊电源输出端的电压与电流之间的相互关系被定义为弧焊电源的静态外部特性。在电源为电弧焊接提供电源的情况下,电弧的静态特性与电源的外部特性在稳定状态下的交点,将直接影响电弧的工作电压和电流。尽管还存在一个名为 A 的交点点,但 A1 点确实是一个不太稳定的工作点。电弧在工作过程中会受到多种干扰因素的影响,比如电离度会因为电极蒸气的作用而发生波动,这进一步导致电流出现细微的改变。实际操作中,为了确保电弧—电源系统在受到外部干扰时能够迅速回到 Ao 点,Kw 的数值必须是足够高的。在手工电弧焊中,电弧的静态特性位于直线部分,因此其焊接电源的外部特性必须呈现下降趋势。

2.电源调节特性

为了让弧焊电源能够适应不同焊条的直径和结构焊接需求,电源的外部特性需要是可调整的。一个电焊机的电流调节范围经常被视为其关键性能指标,一个优质的焊机可以在(0.25~1.20A)的额定电流范围内进行调节。这一范围是基于电源可调整的外部特性上下界所提供的假定负载特性来进行标定的。

3.电源空载电压和短路电流

电源的空载电压越高有利于引弧和稳弧,但不利于安全及节能。目前实用数值为 60~70V。为便于引弧,短路电流也希望有一个较大数值。

4.电源动特性

电源的动态特性描述的是当电弧的负载状态突然改变,如焊条或焊丝因受热而形成熔滴并进入熔池时,常常会出现短路的情况,这时弧焊电源输出的电压和电流是否能够迅速响应成为了一个关键问题。一个出色的动态特性应当有助于实现有序的熔滴过渡,这不仅可以稳定电弧,还能减少飞溅并确保焊缝的良好成型。为了确定动特性,我们需要记录 $U2=f(t)$ 和 $I4=f(t)$ 的动态波形。关于如何设定其评估标准,在不同的电源结构中,这仍然是一个备受争议的议题。关于整流弧焊器的动态特性,请参考其部标 JB1372-80。

5.负载持续率

弧焊电源作为一种电器,其所能输出的功率是由它的发热状况来确定的。当输出电流增大时,产生的热量也会加剧,如果温度上升过快,内部的绝缘材料可能会受到损害,这可能会缩短电源的使用寿命,极端情况下甚至可能导致电源损坏。手动电弧焊是一种存在间隙的操作方式,在焊接过程中,电源处于工作负荷,导致温度上升;在替换焊条的过程中,电源保持在无负载状态,导致温度下降。这种电源的负载状况是通过负载的持续时间来描述的在选择和使用电焊机的过程中,应特别关注其设计的额定电流和负载持续率。考虑到传统手工焊接的工作周期通常是5分钟,而过去的手弧焊机设计周期也是5分钟,因此其额定负载持续率通常为60%。然而,JB/T7835-95文档已经明确规定弧焊机的设计工作周期应为10分钟,因此现在也普遍采用35%作为其额定负载的持续率。在不同的负载持续率条件下,允许的电流可以根据等效发热的原则进行转换在这个公式里,Ia、I、Fae、Fa代表的是规定的焊接电流;在实际应用中,焊接电流在负载持续率条件下是可接受的;规定的负载持续时间;在实际应用中的负载持久性。

(二)手工电弧焊机的类型

1.交流弧焊电源

交流弧焊电源在本质上可以被视为一种降压变压器。这款电力变压器与传统的电力变压器有所区别:它拥有更大且可调节的漏电抗,或者是一个电抗的串联,这使得它具备了急剧下降的外部特性,并确保交流电弧能够持续稳定地燃烧。依据其结构特性和实现下降特性的途径,存在四个不同的类型。

显然,只需对X1进行调整,Ig就可以被调整。在这四种不同的结构设计中,X1是通过调整电抗器铁芯的气隙尺寸、一次线圈与二次线圈的间距、磁分路铁芯的具体位置以及一次与二次线圈的匝数比来达成其功能的。上述四种焊接变压器的标准型号包括BX-xxx、BX1-xxx、BX3-xxx和BX6-xxx,其中xxx的三个数值代表其规定的电流。

2.直流弧焊电源

当前,被广泛采用的直流弧焊电源主要分为三大类:硅整流型、可控硅整流型和逆变控制型。常见的三相式主电路设计原理包括小容量以及交流和直流两种类型,但也存在使用单相电路的情况。硅整流型通过交流回路中的漏电抗或磁饱和电抗器实现了可调节的下降特性。磁饱和电抗器是一种通过直流绕组来控制铁芯磁饱和程度的可调节电抗器,但由于其动态响应缓慢和动特性不佳等因素,它将逐渐被淘汰出局。可控硅整流作为一种电子控制的弧焊电源,可以通过调整导通角和电流的负反馈来实现可调节的下降特性,并进一步优化手弧焊的外部性能。在电弧的工作区域,它展现出恒定的流动特性,这使得电流在弧长稍有变动时非常稳定,但当发生短路时,会有大量的短路电流,这有助于电弧的点燃和再次点燃。目前,它被认为是性能与价格比最为优越的首选直流电源。

逆变控制电源代表了一种新兴的电源技术,它利用晶闸管、大功率晶体管、场效应管和绝缘门栅双极晶体管(IGBT),首先将工频交流电转化为高压直流电,然后转换为 1kHz～50kHz 的高频交流电,接着进行电压降低和整流操作。因此,它实质上是由高压三相(或单相)工频整流器、高频开关逆变器、高频降压变压器、高频整流器等主要组件以及其他辅助设备组成的。其外部特性可以通过调整逆变频率或脉冲宽度的比例来进行调整,这两种方法分别被称为频率调制(PFM)和脉宽调制(PWM)。下降特性主要是通过电流的负反馈机制来实现的,同时也能达到最优的外部特性表现。这款电源的显著特点包括:低损耗、高效率、快速的动态响应、小巧的体积以及轻便的重量。其不足之处包括:过载的承受能力较弱,至今的故障率依然偏高,并且维修技术的标准也相对较高(需要具备较为完善的微电子电路和电力电子技术的基础才能进行维修)。为了解决这些存在的不足,这种类型的电源正在不断地进行优化和改进。

此外,存在一种直流弧焊电源,其特点是在次级整流后使用串联开关进行调制(除了体积和重量之外,其他方面都可以与逆变型电源进行比较,但其成本相对较高,并且应用范围并不广泛。

还存在一种具有悠久历史和良好使用性能的三相电动机－直流弧焊发电机式直流弧焊电源,由于其高能耗、低效率和大噪音等缺点,国家已经明确禁止其生产。然而,现在仍有部分产品在制造过程中被使用。

3. 交直流两用弧焊电源

用单相交流弧焊变压器和整流器组合而成。常见于多用途焊机。

(三)手工电弧焊机选用

(1)当使用酸性焊条来焊接低碳钢的普通构件时,首选应是成本较低且维护简单的弧焊变压器;当需要用碱性焊条来焊接如高压容器、高压管道这样的关键钢结构,或者焊接合金钢、有色金属和铸铁时,直流电源是一个推荐的选择。

(2)弧焊电源的容量,也就是额定电流的大小,应该根据焊件的板厚范围、产量等因素来确定。

(3)从设备的成本、使用效率、工作效率、电网的承载能力和维护能力等多个角度进行综合考量,以选择最适合的结构形式。当购买能力受限且焊接材料种类众多时,可以考虑选择具有高通用性的交流和直流双功能电源。

(四)手工电弧焊的准自动化

在手工电弧焊技术中,重力焊被视为一种近乎自动化的方法。三角架式与弹簧卡持式是两种具有实用性的设计形式。它由专门的焊钳、滑块、滑杆以及定位块等部分构成。主要应用于水平角度的焊接接缝。弹簧卡持式设计适用于连接坡口焊缝与水平角焊缝。在使用焊条的过程中,需要将焊条插入焊钳内部,并用焊条头紧贴焊缝。一旦通电,焊条会自动引弧。当焊条熔化时,焊钳的自重会沿着倾斜的支架自动滑下,完成焊接,并自动熄弧。重力焊通常使用直径在 5～5.8mm,长度在 700～800mm 的焊条,焊条的头部涂有容易引弧的涂料。焊工有能力同时监控多个重力焊接设备。

四、电焊条

(一)焊条的功能

电焊条是用钢或其他金属丝(称焊条芯)表面涂一层适当厚度含有多种矿物质成分组成的药皮后制成的。它们的功能分别为:

1.焊条芯

其主要功能之一是作为电弧的电极进行导电;第二种情况是,在电弧作用下熔化并生成熔滴,这些熔滴随后过渡到熔池,并在冷却后转化为焊缝熔敷金属。焊条芯的化学构成会对熔敷金属的化学元素和其机械特性产生直接的影响。焊条的核心部分如果碳含量过高,可能会导致气孔和裂缝的形成,从而增加飞溅,使得焊接过程变得不稳定;在焊条芯里,锰不仅有助于脱氧,还能有效地抑制硫的有害影响;在焊接过程中,硅很容易氧化生成 SiO_2,这种夹杂物在严重情况下可能导致热裂纹的产生;S、P等元素在焊芯中是有害的。因此,建议使用 S、P 等杂质严格限制、C、Si含量较低、Mn 等合金元素较高的高质量钢丝。

2.药皮

(1)稳定电弧的功能。由于药皮中包含了长石、大理石、碳酸钾、金红石、钛铁矿等矿物中的钾、钠等低电离电位元素,这使得焊条在焊接过程中更容易引弧,并能保持电弧的稳定燃烧。

(2)具有保护功能。从一方面看,药皮中的碳酸盐和碳氢有机物在电弧的高温作用下会分解,生成大量的 CO、CO_2、H_2 等气体,这有助于防止周围空气中的氧和氮进入焊缝熔池,起到了气相保护的作用;从另一个角度看,药皮在熔化后会形成具备特定物理和化学特性的熔渣,这些熔渣覆盖在金属熔池上,有效地隔绝了大气对焊缝金属的不良影响,同时也能降低焊缝冷却的速度,优化焊缝的形成和结晶过程,从而实现渣相的保护。

(3)具有脱氧的功能。为了降低液态金属的氧化风险,并防止药皮中某些成分在电弧高温条件下分解产生的氧导致金属元素的烧损,我们在药皮中加入了如 Si、Ti、Mn、Al 等还原剂。这些还原剂使得焊接过程经历了一系列冶金化学反应,目的是减少焊缝金属中的氧含量,从而增强焊缝的机械性质。

(4)合金的渗透效应。在焊接过程中,为了补偿合金元素的烧损,药皮会渗透各种铁合金和金属粉末作为合金剂,这样可以为焊缝金属提供必要的合金成分,确保焊缝具有良好的力学性能。

(5)优化焊接技术的性能表现。这种方法可以有效地减少焊接时的飞溅,使得焊缝的形状更加美观,熔渣不仅具有良好的流动性,适用于各种不同的空间位置焊接,还有助于有效地去除渣滓。

(二)焊条的分类

1.按焊条芯成分分类

分结构钢焊条、钼和铬钼耐热钢焊条、不锈钢焊条、镍及镍合金焊条、铜及铜合金焊条、铝及铝合金焊条、堆焊焊条、低温钢焊条、铸铁焊条。

2.按焊条药皮类型分

(1)氧化钛型,通常简称为钛型,其氧化钛的含量不低于35%。这种焊条具有电弧稳定、飞溅少、易于再次引弧、熔深适中、熔渣覆盖能力强和容易脱渣的特点。这种方法特别适用于薄板全位置焊接,但在熔敷金属时,其塑性和抗裂性表现不佳。经常被用于覆盖面的焊接工作。

(2)在钛铁矿型中,钛铁矿的含量需达到或超过30%。熔渣具有良好的流动性,焊缝的覆盖能力很强,容易进行脱渣,并且飞溅效果一般。熔化的深度很大,可以进行全方位的焊接。

(3)属于氧化铁的类型。药皮的成分主要包括大量的氧化铁和相对较多的锰铁脱氧剂。电弧的引入相对简单,电弧的稳定性高,电弧所产生的吹力也很大,熔化的深度和速度都很快,而且渣的覆盖和脱渣效果都很好,但飞溅也相对较大。适用于中等厚度的平焊以及角焊技术。

(4)这是一个低氢含量的类型。药皮的主要成分包括钙、镁的碳酸盐和大量的锰铁脱氧剂。渣具有良好的流动性和良好的脱渣性能,但其焊接工艺表现一般。建议使用短弧焊接技术,确保熔接深度适中。该设备支持全方位焊接,并展现出出色的抗裂和机械特性。

(5)氧化钛钙型,通常简称为钛钙型,其特点是氧化钛的含量超过30%,而钙和镁的碳酸盐含量低于20%。渣具有良好的流动性,易于脱渣,电弧稳定,熔合深度适宜,且飞溅极少。适合进行全方位的焊接作业。

(6)在纤维素型中,有机物的含量超过了15%,而氧化钛的含量约为30%。在焊接过程中,会释放出大量的气体,电弧的吹力很大,导致熔化深度增加,熔化的速度加快,产生的熔渣较少,并且容易进行脱渣,飞溅效果一般。适合进行全方位焊接,而对于立焊、仰焊和立向下焊则更加有益。

(7)石墨的形态。在药皮中混入大量的石墨,以确保金属能够进行石墨化反应。用于对铸铁部件进行补焊处理。

(8)这是基于盐的类型。药物的外皮主要是由氯化物和氟化物构成的。这主要是为了焊接铝和铝合金而设计的。除了盐基型和低氢型更适合使用直流电源之外,其他类型的电源都可以选择交流和直流两种方式。

3.按熔渣酸碱性分类

药皮的渣系碱度是根据熔渣中的酸性氧化物与碱性氧化物的比例来进行分类的:

(1)这是一种酸性的焊条。熔渣主要由酸性氧化物(例如 SiO_2、TiO_2、Fe_2O_3)组成,这些氧化物具有很强的氧化性。电弧里的氢离子容易与氧离子结合,这有助于避免氢气孔的形成,而这种焊条对铁锈并不敏感。然而,在熔池中清除硫和磷的杂质变得困难,容易产生偏析现象,热裂纹的风险增加,并且由于焊缝金属的氧含量较高,其冲击韧性也相对较低。该工艺的性能表现相当出色。烘干时的温度不应超过 $250\,°C$。

(2)这是一种碱性的焊条。该熔渣主要由碱性氧化物(如大理石和萤石的分解产物)以及铁合金组成,其氧化能力相对较弱。药皮里并不包含任何有机成分,而在电弧的环境中,氢的含量非常低。药皮中加入了高效的脱氧剂,这确保了焊缝中的氧含量和杂质都非常低,从而使其具有很好的塑性和韧性。然而,由于萤石(CaF_2)在高温条件下能够分解氟元素,这导致了电弧的稳定性下降和工艺性能的不佳。在使用之前,建议在 $300\sim350\,°C$ 的温度范围内进行烘烤。

4.按焊条某些特定使用性能分

还有超低氢型焊条、低尘低毒焊条、立向下焊条、打底焊条、铁粉高效焊条、抗潮焊条、水下焊条、重力焊条、躺焊焊条等。

(三)选用焊条的基本原则

1.焊件的材质、使用性能和工作条件是焊条选用的首要依据

(1)对于常规的结构钢和合金结构钢,选择抗拉强度与母材相当或稍微高一些的焊条是合适的。

(2)对于需要承受动态载荷和冲击载荷的焊接部件,除了要满足强度标准之外,还需要确保焊缝金属拥有较高的冲击韧性和塑性,因此应选择具有较高韧性和塑性指标的低氢型焊条。在母材中,当碳、硫、磷的含量相对较高,或者焊件具有复杂的结构、较大的刚性和厚度时,焊接过程可能会产生巨大的应力,导致焊缝容易出现裂纹。因此,选择抗裂性能优越的低氢焊条是非常必要的。在没有其他选择的情况下,也可以选择使用抗拉强度低于母材的焊条。

(3)对于接触到腐蚀性介质的焊接部件,应依据介质的种类、浓度、工作温度和腐蚀类型来选择合适的不锈钢焊条或其他具有耐腐蚀特性的焊条。

(4)对于在高温或低温环境中工作的焊接部件,应当选择与之匹配的耐热钢或者低温钢焊条。

(5)对于在磨损环境中工作的焊接件,应依据其磨损特性、工作温度以及是否处于腐蚀性介质中来选择最适合的堆焊焊条。

(6)在焊接不同强度级别的碳钢、低合金钢、低合金钢和低合金钢时,通常的选择标准是确保焊缝接头的强度高于强度较低的钢材,同时焊缝的塑性和冲击韧性不应低于强度较高但塑性较差的钢材。

(7)在焊接低合金钢和奥氏体钢的过程中,通常会根据焊缝熔敷的金属化学成分要求,选择铬和镍含量高于母材,且具有良好塑性和抗裂性的不锈钢焊。只有对于那些不那么关键的结构,我们才会选择与焊接的奥氏体不锈钢成分一致的焊条。

(8)在焊接不锈钢复合钢板的过程中,为避免基础碳素钢对不锈钢熔敷金属造成稀释,建议在焊接碳钢或低合金钢的基层时,选择与其强度相匹配的结构钢焊条;(覆盖层和基体交界面)在焊接覆盖层与基体交界面的过渡层时,推荐使用铬和镍含量高于复合钢板的具有更高塑性和更好抗裂性的奥氏体不锈钢焊条;当覆盖层与腐蚀性物质直接接触时,应选择含有适当成分的奥氏体不锈钢焊材。

2.要考虑施工及焊接设备条件

(1)在缺乏直流电源且焊接结构需要使用低氢焊条的情况下,推荐使用既可以交流也可以直流的低氢焊条。

(2)在空间狭窄或通风条件不佳的环境中进行焊接时,推荐使用酸性或低尘、无毒的焊条。

(3)对于那些在焊接部位难以彻底清洁的焊件,建议选择对铁锈、氧化层和油污不太敏感,且氧化能力较强的酸性焊条。

(4)对于那些在特定条件下无法翻转的焊件,如果某些焊缝位于非平焊的位置,那么应该选择一个位置完整的焊条。

3.要考虑经济效益

在满足使用性能和操作工艺性能的条件下,尽量选用工艺性能好、成本低、效率高的焊条。

第三节　手工电弧焊的接头设计及质量控制

一、手工电弧焊的接头设计

(一)接头及坡口设计基本形式

焊接接头的形式主要根据焊接构件的形式、受力状况、使用条件和施工情况来决定的。手工电弧焊常见的接头形式有对接、角接、T形、搭接、端接五种。

(二)接头坡口设计原则

1.考虑接头受载状况及板厚(焊透性要求)

在没有焊透要求的不承载连续焊缝情况下,即便厚度达到30mm,也可以选择使用I形坡口。然而,对于大部分需要承载的对接部分,为了确保焊透,只有当板的厚度小于 6mm 时,才可以使用 I 形坡口。否则,随着板厚的增加,应依序选择 V、U、X、双 U 形坡口接头。然而,只有在极其关键的情况下,角接 T 形接头才会特别强调坡口的焊透设计。

2.考虑焊条耗量及加工条件

板厚相同时 U、X、双 U 形坡口可分别比 V、U、X 形坡口节省较多的焊条、能耗及工时,但 U、双 U 形坡口一般必须用刨边机、刨床等机加工方法加工,V、X 形则可以用气割、等离子切割方法在下料同时完成。

3.焊接应力变形及可焊达性

一般地讲单面的 V 或 U 形坡口焊接后会比 X 或双 U 形坡口有更大的焊接应力变形。但有不少结构难以双面焊或者翻转的焊件只能采用单面坡口。

(三)接头坡口设计规范

查 GB985－88 气焊、手工电弧焊和气保护焊焊缝坡口的基本形式与尺寸。

二、焊接变形与应力及其防止方法

(一)焊接应力和变形产生的原因

首先,我们观察了一根金属杆件在整体均匀加热和随后冷却过程中的应力变形情况,其状态是杆件整体均匀受热。如果加热时的膨胀和冷却时的收缩都不受限制,那么杆件将不会产生任何形变或压力;该状态下,一侧被刚性地固定,而另一侧则可以自由地进行收缩。在加热过程中,由于伸展受到阻碍,产生了较大的压缩应力,这导致杆件实际上发生了压缩塑性变形。而在冷却时,杆件可以自由收缩,最终不会留下残余应力,但会缩短变粗,留下残余变形;状态杆件的两个端部都被固定在刚性状态下。在加热过程中,杆件会出现压缩塑性变形,而在冷却过程中,收缩会进一步导致杆件内部产生拉应力和拉伸塑性变形。当冷却至室温后,杆件的长度将保持不变,但其内部将会留下较大的残余拉伸应力。

上面提到的杆件在加热和冷却过程中,其自由变形受到限制,从而产生了残余应力或变形,这实际上是焊接残余应力变形的基本原因。鉴于电弧焊接和其他大部分焊接过程都涉及到焊件的局部加热和冷却,我们可以将一个焊缝视为被其一侧、两侧或周围的母材所约束的杆件。该物体在加热和冷却的过程中都不能自由地伸展或缩短,而且其受到的限制远比简单的一端或两端约束要复杂得多。由于温度在时间和空间上的剧烈波动、材料的热物理特性随温度的改变以及焊接结构的高度复杂性,这种约束条件在实际应用中是相当复杂的。因此,焊接引起的应力变形是一个非常复杂的热弹性—塑性三维空间力学问题,直到现在,人们只了解了它的一些基本规律。现代的有限元分析、边界元技术和大容量高速计算机技术的运用,正在成为解决其定性和定量分析问题的强有力工具。然而,目前最大的挑战依然是如何建立其理论模型和确定许多复杂的边界条件参数,这个问题至今仍然是焊接技术中的一个难题。

需要强调的是,焊接过程中的应力和变形是从一开始就会发生的动态变化,甚至在焊接结束后的很长一段时间里,这些变化都是非常缓慢的(时效)。讨论通常以焊接后的残留变形和应力为起点。

(二)焊接残余变形与应力的分类和影响因素

1. 焊接残余变形

依变形形态焊接残余变形有纵向、横向收缩、弯曲、扭曲。

2. 角变形以及波浪变形等基本形式

在这其中,焊缝的纵向和横向收缩被认为是最根本的形变,而其他变形则是在不同的结构条件下表现出来的。焊缝的不对称、加热膨胀和收缩在抗弯和抗扭断面的一侧会导致弯曲、扭曲和角变形。在薄板结构中,波浪变形是唯一的现象,这是因为收缩导致的局部区域的压应力过大,从而产生失稳现象。

3. 焊接残余应力的分类

按残余应力的方向分纵向应力、横向应力及厚度方向的应力。当结构上有许多不同方向焊缝时,残余应力可能是很复杂的三维应力。

4.影响残余变形和应力大小的因素

(1)关于材料的热物理特性以及金属的微观结构特点。

(2)焊接过程中的热输入量。通常情况下,$q = U4Ia/vw(J/cm)$的值越高,意味着热输入越大,收缩也就越明显。

(3)焊接缝具有对称的特性。它位于一个对称的位置,因此其弯曲、扭曲和角度的变形都相对较小。

(4)关于结构的条件以及焊接焊缝的顺序安排。焊接结构的刚性越低,其顺序的不对称变形就越明显。在相同的条件下,先焊接的焊缝产生的残余变形比后焊接的焊缝更大。

(5)焊接过程中的紧固状况。

(三)焊接应力与变形对焊接结构的影响

当结构材料具有良好的塑性时,焊接产生的应力不会对结构的静载强度产生任何负面影响,并且在承受载荷的过程中,焊接应力会逐渐减少;在低温条件下工作的部件和常温下塑性较差的脆性材料的焊接应力可能会直接或与工件的载荷叠加,从而导致焊件的损坏;当处于动态载荷状态时,残留的拉应力可能会促进疲劳裂纹的生成和扩散;对于那些在腐蚀环境中运行的结构,残留的拉应力可能会促进应力腐蚀裂纹的进一步扩展;在薄板受压杆件的情况下,残余压应力和工作应力的叠加可能会引发其稳定性问题。在这些特定情况下,焊接产生的残余应力是有害的。对于需要进行焊接后的切削处理的焊接部件,焊接应力在加工过程中的重新平衡可能会对其尺寸的精确性产生严重的负面影响。

焊接过程中的变形不仅会影响结构的尺寸精度和外观的美观性,而且在严重情况下还可能导致承载能力下降,甚至引发事故。在焊接工程中,这是一个我们必须重视的关键问题。

(四)焊接变形与应力的消除和控制

1.焊接应力的消除

对于那些在低温和动态载荷条件下使用的、其厚度超出规定限度的焊接压力容器,必须进行机械加工。对于那些尺寸精度和刚度要求较高,

或者存在应力腐蚀风险而无法采取有效保护措施的构件,焊接应力的消除是不可或缺的。所采用的手段是多样的:

(1)整体经历了高温的回火过程。通常情况下,构件会被加热至回火的温度,并在经过一段时间的保温后进行冷却。金属材料在高温条件下会出现蠕变,这导致其屈服点下降,从而使应力得以释放,这就是高温回火消除应力的原理。

(2)部分区域出现高温的回火现象。仅对焊接区域以及其附近的特定区域进行加温处理。这种技术仅能减少应力的峰值,并不能彻底消除剩余的应力,但它确实可以提高焊接接头的整体性能。这种方法主要适用于相对简单且拘束度较低的焊接接头。

(3)采用机械拉伸的方法。通过对焊接部件施加压力,可以使焊缝的塑性变形区域受到拉伸,从而降低焊接导致的局部压缩塑性变形和减少内部应力。

(4)利用温度差异进行拉伸的方法。通过在焊缝两侧进行低温局部加热,可以在焊缝区域产生拉伸塑性变形,进而消除内部应力。

(5)利用振动的方法。通过使用由偏心轮和变速马达构成的振动器,可以使构件产生共振,从而减少内部应力或重新分配应力。该设备的效能是由激振器与构件支点的具体位置、激振的频率以及持续时间共同决定的。对于那些无法进入炉内的超大型工件和不被允许进入炉内的工件,此方法具有显著的实际应用价值。这一技术方法操作简便,效果显著,但它无法彻底消除焊接产生的应力,将峰值应力降低 25%～50% 已经是相当不错的表现了。

值得强调的是,测量焊接后的残余应力是一个极具挑战性的任务。目前所采用的技术包括小孔切割、X射线、电磁学以及超声波等多种方法。小孔等应力释放技术和X射线方法都相对完善,但在实际应用中都存在一定的复杂性。至今,电磁和超声波的测量准确性仍在不断的研究和探讨中。

2. 焊接残余变形的控制

(1)关于结构和接头的设计应当是合理的。努力降低焊缝的数量,确保焊缝的对称布局,并优先选择 X 和双 U 型的坡口设计。

(2)合适的焊接技术方案设计。通过合适地采用刚性支承架和夹具,并利用反变形技术,我们可以尽量对称地选择焊接的顺序。

(3)对焊接产生的变形进行修正。采用机械或火焰技术进行矫正:机械法是通过锤击、压缩、拉伸等机械力量产生的塑性变形来实现的;火焰矫正是指选择适当的位置,利用火焰进行加热,并通过加热和冷却产生的新的形变来中和已存在的形变。

三、焊接缺陷及预防措施

(一)焊缝缺陷的类型

(1)焊接部位存在形态上的瑕疵。指的是焊缝的尺寸不满足标准,以及存在咬边、烧穿、焊瘤和弧坑的情况。

(2)存在气孔。指的是焊缝熔池内的气体在固化过程中没有析出,从而留下的空洞。

(3)存在杂质和夹杂的情况。指的是焊接完成后在焊缝内留下的熔渣,以及通过冶金过程产生的焊接后在焊缝中遗留的非金属杂质。

(4)尚未焊接完全,也没有熔合。这指的是焊接金属与其母材或焊接金属之间没有完全融合,以及焊缝基部没有完全熔透的情况。

(5)存在裂缝。这其中包含了热裂纹、冷裂纹、再热裂纹以及层状撕裂等现象。

(6)其他的不足之处。涉及到电弧造成的擦伤、飞溅、磨痕以及凿痕等现象。

除了上述的部分未焊透和裂纹,通常需要使用超声波、X 光等非破坏性的检测手段来进行探测。

(二)焊接缺陷产生的原因及预防措施

1. 未焊透

由坡口设计或加工不当、钝边过大、焊接电流太小、焊条操作不当或焊速太快造成。为避免未焊透应做到：

(1)正确选用和加工坡口尺寸,保证良好的装配间隙;

(2)采用合适的焊接参数;

(3)仔细清理层间的熔渣。

2. 夹渣

多层焊时未及时清除前一层焊缝药渣、运条操作不当、焊条熔渣粘度太大、脱渣性差造成。为了避免产生夹渣应:

(1)选用合适的型号的焊条;

(2)采用合适的摆动方式利于熔渣上浮;

(3)注意层间的清渣。

3. 气孔

在高温条件下,H_2 和 CO 这两种气体被引入焊接熔池中,当熔池在冷却结晶形成焊缝的过程中无法逸出,焊缝内便会形成气孔。可能是由于水、油、油漆和焊条药皮中的纤维素等碳氢化合物在高温下分解产生的 H_2、CO 等物质,或者是由于空气中的 O_2 或 H_2O 过度侵入导致的。

(1)为了避免气孔的形成,需要注意清除焊件,特别是接缝附近区域的铁锈、油污、油漆等污染物;

(2)对电焊条进行烘干,尤其是那些容易吸湿的低氢焊条;

(3)建议适度增加熔池在高温下的停滞时间,也就是降低焊接的速率,这样可以帮助气体更好地逸出;

(4)为了防止造气剂过早地分解,焊接时的电流不应过高。另外,焊条的药皮如果偏心或配方不恰当,也可能导致气孔的产生。因此,药皮的偏心程度被视为一个极为关键的品质标准;

(5)建议优先使用短弧焊技术。

4.裂纹

裂纹可以根据其形成原因被分类为焊缝冷却结晶后形成的冷裂纹和焊缝冷却凝固前形成的热裂纹;根据裂纹出现的位置,我们可以将其分类为焊缝熔合区的裂纹和热影响区的裂纹;根据焊缝的宏观形态,我们可以将其分类为纵向、鱼骨状、横向以及多向龟裂。热裂纹通常出现在焊缝熔合区的纵向呈鱼骨状,或者发生在热影响区的液化晶间裂纹;冷裂纹通常可能表现为纵向裂缝、横向裂缝或者是龟裂。在熔合区以及热影响区,穿晶裂纹是常见的现象。裂纹的产生与多种因素有关,包括焊缝和母材的成分、组织状况、相变特性、焊接的结构条件,以及在焊接过程中采用的夹装方法所决定的应力和应变状态,这是一个非常复杂的问题。比如说,不锈钢容易产生热裂纹,而低合金高强度钢则容易产生冷裂纹。

焊接过程中产生的热裂纹往往与 S、P 等杂质的过多含量密切相关。由 S、P 形成的低熔脆性共晶物会在最终凝固的树枝状晶界间以及焊缝的中心区域聚集。在焊接参数不合适的情况下,焊缝的中心线、弧坑以及焊缝的终点都有可能出现这种类型的热裂纹。

(1)为了避免热裂纹的产生,必须严格监控焊缝 S 和 P 杂质的含量;

(2)将弧坑填得满满的;

(3)要降低焊接的速度,也就是降低冷却结晶的速率,确保最终冷却结晶的部分不会产生过大的应力和形变。某些合金元素,例如 Mn,能够抑制 S、P 低熔共晶的生成,而某些元素,如 Ni,则具有相反的效果。因此,不同种类的钢材在焊接过程中产生热裂纹的倾向各不相同;

(4)优化焊缝的形态,防止出现过深的梨状焊缝;

(5)根据焊接材料的不同,还有其他不同的处理方法。

冷裂纹产生的原因相当复杂,其中最关键的是氢引发的脆性,这意味着在高温熔池中,H 原子被大量吸收,而焊缝在快速冷却时会出现过饱和溶解,随后会逐渐扩散。尤其与它们在冷却阶段的马氏体转变中从原子晶格和其他杂质缝隙中析出形成的分子状 H_2 有关,这导致了晶界和结构的断裂以及塑性的减少。冷裂纹,也被称为氢致裂纹,可能在焊接完成后的几小时或几天内出现,有时也被称为延迟裂纹。焊接过程中的冷裂纹趋势主要是由焊缝金属中残留的扩散氢[Hr]含量所决定的。

当 C 的含量从 0 增加到 0.26,A(C)的数值从 0.500 上升至 0.998；约束应力的幅度。这涉及到焊件结构的固有刚度以及焊件夹具的固定刚度的大小。为避免冷裂纹的产生,需要注意烘干电焊条,并清除焊缝附近的油污、锈、油漆等污染物；对于 CEN 较高或在低温环境下工作的刚度较大的焊接部件,我们采用了 250~400℃ 的不同预热或层间温度(CEN 或板材的厚度越大,预热温度越高),并根据焊接材料的不同成分进行了 550~760℃ 的焊接后的回火热处理。有关的详细信息可以在相关手册中查找；根据焊接材料的不同,还有其他不同的处理方法。

最终,我们必须明确一点:焊接产生的裂纹是焊接过程中最具破坏性的缺陷。它不只是导致应力的集中和焊接接头静载强度的降低,更为关键的是,它是引发疲劳和脆性损坏的主要原因。因此,不同类型的钢材在热裂纹或冷裂纹方面的倾向,通常是衡量其焊接性能优劣的最关键指标。为了评估热裂或冷裂的倾向,已经提出了多种实验方法和标准,在实际应用中可以根据材料的性质来进行选择。

第五章　埋弧焊

埋弧焊具有较大的熔深、高的生产效率和高度的机械化,特别适用于焊接中厚板结构的长距离焊缝。埋弧焊,包括埋弧堆焊和电渣堆焊等技术,是一种利用电弧在焊剂层下进行燃烧的焊接方式,确保电弧的光线不会被暴露出来。所采用的金属电极由连续送入的裸焊丝构成。这种焊接方法因其焊接质量的稳定性、高的焊接生产效率、无弧光和低烟尘的特点,已经成为压力容器、管道生产和箱形梁柱等关键钢结构制造过程中的首选焊接技术。

第一节　埋弧焊工作原理、应用范围及工艺特点

一、埋弧焊工作原理

在焊接过程中,焊接区域被一层焊剂所覆盖,而这种焊剂在常温条件下并不具有导电性。当开始进行引弧操作时,焊丝作为电极与焊件产生接触,短路发生后会通电,焊丝随后会反抽,形成电弧。电弧产生的辐射热导致焊丝末端附近的焊剂融化,进而形成液态的熔渣,其中一部分焊剂会分解并蒸发为气态。当气体将熔渣排出时,它会在电弧的周围形成一个密封的空腔,这使得电弧与外部的空气完全隔离。在这个空腔中,电弧稳定地燃烧,导致焊丝不断地熔化,并伴随着熔滴落下,与焊件融化的液态金属混合,从而形成焊接熔池。随着焊接流程的推进,电弧逐渐向前移动,导致焊接熔池冷却并凝固,从而形成焊缝。密度相对较低的熔渣会漂浮在熔池的表层,并在冷却之后转化为渣壳。一旦移除了渣壳,我们就可以获得一个外观平滑、具有出色力学特性的焊接接缝。

埋弧焊与焊条电弧焊之间的显著差异在于,埋弧焊的各种操作,如引弧、确保电弧稳定燃烧、输入焊丝、电弧移动和焊接结束后填满弧坑等,都是通过机械自动化完成的。

某些自动焊接机会同时将两条或更多的焊丝送入焊接的电弧区域,这种技术被称为多丝埋弧焊。它有助于进一步加快熔敷和焊接的速率。使用带状电极的带极埋弧焊技术经常被应用于堆焊具有耐磨和耐蚀特性的材料。

二、埋弧焊应用范围

(一)焊缝类型和厚度

埋弧焊技术适用于焊接对接、角接以及搭接接头。埋弧焊所能焊接的材料有很大的厚度选择。除了5mm以下的材料因其易于烧穿的特性而不常被使用外,对于较厚的材料,可以选择合适的坡口,并通过多层焊接技术进行焊接。在电流低于100A的情况下,电弧的稳定性表现不佳,因此不适宜用于焊接薄板。

埋弧焊技术能够焊接如低碳钢、低合金钢、调质钢、镍合金以及奥氏体的耐蚀和耐热钢材。

(二)埋弧堆焊

随着焊接冶金技术与焊接材料和生产技术的发展,埋弧焊能焊的材料已从碳素结构钢发展到低合金结构钢、不锈钢、耐热钢等以及某些有色金属,如镍基合金、钛合金、铜合金等。由于埋弧焊熔深大、生产率高、自动化程度高,因而适于焊接中厚板结构的长焊缝。

(三)半自动埋弧焊

半自动埋弧焊的核心技术是软管的自动焊接,其独特之处在于使用直径不超过2mm的焊丝,这些焊丝是通过弯曲的软管输送到熔池中的。电弧的移动完全依赖于手工操作,而焊丝的输送则是完全自动化的。半自动埋弧焊技术能够替代传统的自动埋弧焊,用于焊接弯曲或较短的焊缝,它主要用于角焊缝,同时也适用于对接焊缝的焊接。半自动埋弧焊生产线被广泛应用于焊接各类钢管、圆形杆、锥形杆、多边形杆以及高杆灯等有缝管材。我们使用了埋弧焊技术,这使得焊接的表面变得非常光滑,没有任何污染,也不会发光,而且焊接的长度没有限制,焊接的速度为1m/min。这种方法的优势在于焊接速度快,所需投资较少,并且能够节省焊丝的原材料。

三、埋弧焊工艺特点

(一)熔深大,生产率高

得益于大电流的使用,单位时间内焊丝的熔化量得到了增加,从而明显地提升了生产的效率。当板的厚度为12mm时,埋弧焊的速度可以达到50～80cm/min,这个速度是焊条电弧焊速度的3～4倍。特别是采用双丝(或多丝)和带状电极,这进一步提高了埋弧焊的生产效率。

(二)焊接质量稳定,表面美观

焊缝的质量不受焊工的情绪及其疲劳程度的影响,在正确的焊接参数下,就可以获得化学成分均匀、表面光滑、平直的优质焊缝。

(三)节省焊接材料和电能

埋弧焊的电弧熔透力强,对一定厚度的焊件,不开坡口也可焊透,单丝埋弧焊一次可熔透20mm,同时没有飞溅损失,从而减少了焊接材料和电能的损耗。

(四)改善了工人劳动条件

机械化的焊接改善了工人劳动强度,电弧在焊剂层下燃烧,消除了弧光及烟尘对焊工的有害影响。焊接过程机械化,操作较简便,焊工的劳动强度比焊条电弧焊时大为减轻。

(五)采用颗粒状焊剂

这种焊接方法一般只适用于平焊位置,其他位置焊接需采用特殊措施以保证焊剂能覆盖焊接区。

(六)对装配要求高

由于是机械化焊接,对坡口精度、组合对接间隙等要求比较严格。

四、埋弧焊安全防护

（1）焊接过程中，必须确保焊剂的连续覆盖，防止焊剂断裂导致电弧暴露，这是埋弧焊技术的核心要点。

（2）在灌装、清理和回收焊剂的过程中，必须实施防尘措施，以防止焊工吸入焊剂粉尘。

（3）弧焊机的控制箱外壳和接地板上的罩壳都必须被完全覆盖。

（4）在调节送丝机构和焊机的操作过程中，必须确保手部不接触到送丝机构的滚轮。

第二节　埋弧焊设备和操作工艺

埋弧焊机可以分为交流和直流两种类型。直流电源由硅弧焊整流器和晶闸管式弧焊整流器组成，能够输出平特性、缓降特性、陡降特性和垂降特性。交流电源主要是由弧焊变压器构成，通常具有急剧下降的特性输出。考虑到埋弧焊的独特性质，通常的埋弧焊机都需要实现100％的负载持续率的高电流输出。

直流平特性和缓降特性电源与等速送丝系统相结合，利用电弧的自我调节功能来实现弧长的自动调整，特别适用于电流低于1000A的应用场景。缓降特性电源的应用非常普遍，而平特性电源通常仅适用于细丝（$\varphi \leqslant 3mm$）的埋弧焊接。

直流的垂降特性和陡降特性的电源与变速送丝系统相结合，通过电弧电压的负反馈来实现弧长的自动调整。鉴于垂降特性并没有电弧的自我调节能力，因此更倾向于使用具有陡降特性的电源，特别是在粗丝大电流的焊接应用中。

多功能电源可以根据实际需求，选择其上升、平稳、缓慢下降、急剧下降或垂直下降的特性。

交流电源通常具有急剧下降的特性来输出，其输出的电压和电流被视为近似的方波。鉴于换向瞬时电流为零,反向再引弧需要较高的高空载电压,因此交流埋弧焊电源的空载电压通常都超过80V。

一、埋弧焊设备分类

埋弧焊设备分为半自动埋弧焊机和自动埋弧焊机两种。按焊丝数目或电极形状分为单丝埋弧焊机、多丝埋弧焊机和带极埋弧焊机。按送丝方式分为等速送丝式埋弧焊机和变速送丝式埋弧焊机。按用途分为通用埋弧焊机和专用埋弧焊机。

(一)半自动埋弧焊机

半自动埋弧焊机的核心功能包括:通过软管将焊丝持续不断地输送到电弧区域,传递焊接电流,并控制焊接的启动和停止过程,同时向焊接区输送焊剂。

半自动埋弧焊机的主要组成部分包括送丝机构、控制箱、带有软管的焊接管把以及焊接电源。软管式半自动埋弧焊机结合了自动埋弧焊的优势和手工电弧焊的灵活性。对于那些难以实现自动焊接的工件,这种焊机是一个可行的焊接选择。

(二)自动埋弧焊机

自动埋弧焊机的核心功能包括:持续不断地向电弧区输送焊丝,输出焊接电流,使焊接电弧沿着焊缝移动,控制电弧的主要参数,控制焊接的启动和停止,以及向焊接区输送焊剂。

常见的自动埋弧焊机主要分为等速送丝和变速送丝这两大类。这些设备通常由机头、控制箱、导轨和焊接电源构成。等速送丝的自动埋弧焊机使用了电弧的自我调节机制;变速送丝的自动埋弧焊机使用了电弧电压的自动调整系统。

二、埋弧焊设备组成

(一)埋弧焊机

根据工作的实际需求,自动埋弧焊机可以设计成各种不同的版本。

常见的类型包括焊车式、悬挂式、车床式、悬臂式和门架式等。最常用的焊机是 MZ—1000 型,这台机器配备了电弧电压的自动调整系统(也称为变速送丝)。埋弧焊机是由电源、控制箱和焊接小车等多个部分构成的。在常态下,焊丝融化的速率与送丝的速率是相等的。电弧的自动调节能力与焊丝的直径和焊接电流的数值密切相关。

(二)埋弧焊电源

通常情况下,埋弧焊主要使用粗焊丝,并且电弧展现出水平方向的静态特性曲线。为满足电弧稳定燃烧的标准,电源应展现出下降的外部特性。当使用细焊丝对薄板进行焊接时,电弧展现出上升的静态特性曲线,因此建议使用具有平稳特性的电源。

埋弧焊电源可以采用交流方式(如弧焊变压器)、直流方式(如弧焊发电机或弧焊整流器)或两者结合使用。在选择焊剂时,需要考虑到特定的应用场景,例如焊接电流的范围、单丝或多丝的焊接方式、焊接的速率以及焊剂的种类等因素。

(三)埋弧焊辅助设备

在埋弧焊过程中,为了精确地调整焊接机头和焊件之间的相对位置,以确保接缝能够处于最理想的焊接位置或实现预定的工艺目标,通常需要配备相应的辅助设备来与焊机进行有效配合。埋弧焊所需的辅助工具主要包括以下几类:焊接专用夹具、焊接部件的位移设备、焊接机器的位移设备、焊接接缝的成型设备以及焊剂的回收和传输设备。

三、焊丝和焊剂

(一)焊丝

在埋弧焊过程中,为了精确地调整焊接机头和焊件之间的相对位置,以确保接缝能够处于最理想的焊接位置或实现预定的工艺目标,通常需要配备相应的辅助设备来与焊机进行有效配合。埋弧焊所需的辅助工具主要包括以下几类:焊接专用夹具、焊接部件的位移设备、焊接机器的位移设备、焊接接缝的成型设备以及焊剂的回收和传输设备

(二)焊剂

埋弧焊用焊剂的化学冶金性能、焊接工艺性能是决定焊缝金属性能的主要因素之一。除此之外,焊剂还有下列作用。

(1)当焊接渣壳附着在焊缝之上时,它降低了焊缝金属的冷却速率,优化了气体的释放条件,并有助于减少气孔的形成。当温度下降时,焊渣有可能从焊缝的金属部分脱落。

(2)在焊接的过程中,电弧燃烧保持稳定。

(3)具有保护功能。在焊接过程中,焊剂会覆盖焊接区。当焊剂融化时,会形成熔渣,这有助于保护熔池,防止氧和氮在焊接时进入熔池,从而保护焊缝金属,并减少合金元素的烧损。

(4)合金的渗透效应。在焊接的过程当中,焊剂与液态金属发生了冶金作用,从而将对熔池有益的合金元素转化为熔池,进一步优化了焊缝的性质。

(5)具有塑造形态的功能。焊剂的熔化作用覆盖了熔池的表面,从而确保焊缝能够良好地成形。

四、埋弧焊焊接工艺

埋弧焊过程中的焊接参数主要包括焊接电流、电弧电压、焊接速度、焊丝的直径、焊丝的伸出长度、焊丝与焊件表面的相对位置、电源的种类和极性、焊剂的种类、装配的间隙以及焊件的坡口形状等。焊缝的形状系数和熔合比受到这些参数的影响,这进一步决定了焊缝的整体质量。

(一)焊缝成形系数和熔合比

焊缝形状是对焊缝金属的横断面而言的,不同的焊接参数将获得不同的焊缝形状。焊缝形状对焊缝的质量有很大的影响。有两个参数要特别提出,即焊缝成形系数和熔合比。焊缝成形系数是熔焊时,在单道焊缝横断面上焊缝宽度(B)与焊缝计算厚度(H)之比值,一般以 1.3~2 为宜。

(二)埋弧焊焊接参数选择

(1)焊丝的直径大小。焊丝的直径在很大程度上决定了焊缝的厚度。

在焊接电流保持恒定的情况下,缩小焊丝的直径会导致电流密度的上升和电弧吹力的增强,这进一步导致焊缝的厚度增加和成形系数的减少。因此,在使用相同电流大小的情况下,直径较小的焊丝能够实现更大的焊缝厚度。

(2)焊丝的延伸长度。通常,导电嘴的出口到焊丝的端部被定义为伸出的长度。当焊丝的伸出长度增加时,由于电流电阻热的预热效应,焊丝的熔化速度会加快,这导致焊缝的厚度变得更浅,而余高则有所增加;如果伸出的长度过短,导电嘴有可能被烧坏。

(3)焊接过程中的电流与电弧产生的电压。在埋弧焊中,焊接电流被视为最关键的焊接参数,它对焊接的熔化速率、熔深以及母材的熔化量起到决定性的作用。过大的电流可能导致咬边或成型不佳,从而扩大热影响区,甚至可能引发烧穿现象。当电流太低时,焊缝的厚度会减少,这可能导致焊接不完全,同时电弧的稳定性也会下降。

电弧电压与弧长呈正比关系,在其他变量保持不变的情况下,电压的增加(也就是弧长的增长)会导致焊缝宽度明显扩大,同时焊缝的余高和厚度有所减少,从而使焊缝变得更为平滑。随着电弧电压的上升和电弧摆动范围的扩大,焊缝的宽度也随之扩大。但是,随着电弧长度的增长,电弧产生的热量损失也随之增大,这导致用于熔化母材和焊丝的热量有所减少,从而使得焊缝的相对厚度和余高稍有降低。

从上面的描述可以看出,电流是决定焊缝厚度的核心要素,而电压则是决定焊缝宽度的关键因素。

为确保焊缝的形态美观,我们需要在增加焊接电流的同时,也提高电弧电压,确保它们维持在一个适当的比例,从而实现最佳的焊缝形态。

(4)焊接的速率。焊接的速度明显地决定了焊缝的厚度和宽度。随着焊接速度的提升,焊缝的厚度和宽度都显著减少。这种现象是由于焊接速度的提升导致了单位时间内焊缝接收到的热量有所减少。如果焊接速度太快,可能会导致焊透不足、边缘被咬、焊缝表面粗糙和不均匀的问题。如果焊接速度太慢,可能会产生容易破裂的蘑菇状焊缝,或者出现烧穿、夹渣、焊缝不规则等缺陷。

（5）焊接剂的粒度大小。随着焊剂的粒度逐渐增大，熔宽也随之扩大，从而焊接出 I 形的坡口缝隙的厚度有所减少。然而，过大的焊剂颗粒对熔池的保护是不利的，容易导致气孔的生成。与此相对，当小颗粒焊剂的累积密度增大时，电弧的活跃性会下降，从而导致焊缝的厚度增加和宽度减少。

（6）焊接剂的堆积高度。焊剂累积的高度被称作堆高。当堆高适当的时候，电弧会完全嵌入焊剂层之下，这样就不会产生电弧闪光，从而保证了良好的保护效果。当堆的高度过高时，焊剂层会对电弧施加压力，导致其透气性降低，从而使焊缝的表面变得更为粗糙，这可能会导致成型效果不佳。一般来说，堆的高度在 2.5～3.5mm 的区间是比较适宜的。

（7）焊丝的倾斜角度。在焊接过程中，焊丝会相对于焊件产生倾斜，确保电弧始终对准焊接区域，此种焊接技术被称为前倾焊。在前倾的情况下，焊缝的成形系数有所上升，这使其更适合焊接薄板。由于电弧力在前倾状态下对熔池金属的后排效应减弱，导致熔池底部的液态金属厚度增加，从而妨碍了电弧对基材的加热，因此焊缝的厚度也相应减小。与此同时，电弧增强了熔池前端未完全熔化的母材的预热能力，这导致焊缝的宽度扩大，而余高则有所减少。当焊丝发生后倾时，情况与之前描述的完全相反。当使用常规速度进行焊接时，通常选择焊丝的垂直定位。

（8）焊接部分呈倾斜状态。在执行上坡焊的过程中，由于重力和电弧的影响，熔池中的液态金属会流向熔池的尾部，这使得电弧能够深入熔池的底部，从而导致焊缝的厚度和剩余高度都有所增加。与此同时，熔池前端的加热效应有所减弱，电弧的摆动范围也相应缩小，这导致焊缝的宽度也相应缩小。焊接的上坡角度越大，其影响就越为显著，特别是当上坡角度 α 在 6°至 12°之间时，成形过程可能会变得更糟。因此，在进行埋弧焊的过程中，最好尽量避免使用上坡焊方法。

下坡焊的情况恰恰相反，焊缝的厚度和余高略有减少，而焊缝的宽度则略有增加。因此，在倾角 α 范围为 6°至 8°的下坡焊工艺中，表面焊缝的形态得到了优化。如果下倾角太大,可能会导致焊透不全和熔池金属液溢出,从而使焊缝的形状变差。

五、焊件装配

(一)接直焊缝

对于直焊缝,存在两种主要的焊接技术,分别是单面焊与双面焊。基于钢板的厚度,焊接技术可以被分类为单层焊接和多层焊接,同时也存在多种衬垫或无衬垫的焊接方法。

在进行焊接对接焊缝的过程中,为确保熔渣和熔池金属不会泄露,我们选择使用焊剂垫作为焊接的衬垫。焊剂垫中使用的焊剂与用于焊接的焊剂是一致的。焊剂需要与焊件的背侧紧密贴合,以便产生均匀的支撑力。为了实现双面成型,需要选择较大的焊接参数以确保焊件完全熔透。

对于不能使用衬垫的焊缝,可以先使用焊条电弧焊作为基础,随后再选择埋弧焊技术。

对于厚度较大的钢板,如果一次焊接不能完成,可以考虑使用多层焊接方法。在焊接第一层的过程中,不仅需要确保焊透,还需防止出现裂纹和其他缺陷。焊缝的每一层接头都应该是错开的,不能有重叠现象。

(二)对接环焊缝

在圆形筒体对接环焊缝的埋弧焊过程中,需要使用配备调速功能的滚胎。若需进行双面焊接,首次焊接时应将焊剂垫置于下方筒体的外壁焊缝位置。焊接小车被固定在悬臂架之上,并延伸至筒体内部进行平焊焊接。焊丝应当调整其中心线,使其位于下坡焊的位置。在进行第二次正面焊接时,应在筒体外部的平焊位置进行焊接操作。

(三)各种角接焊缝

(1)在进行 T 形接头或搭接接头的角焊缝焊接时,可以选择使用船形焊或平角焊这两种不同的焊接技术。

(2)在焊接船形焊缝的过程中,将焊件角焊缝的两侧分别放置在与垂直线成45°的位置,可以为焊缝的形成创造最有利的条件。采用这种焊接技术,接头的组装缝隙不会超出 1.5mm 的范围。

(3)在焊接部件不适合使用船形焊的情况下,平角焊是一个可行的选择来进行角焊缝的焊接。这一焊接技术对于接头的装配间隙表现出较低的敏感性,即便这些间隙大小在 2～3mm 范围内,也无需实施防止液态金属流失的相关措施。

六、带极埋弧焊

带极埋弧焊技术是基于多丝(横列式)埋弧焊技术演变而来的。该技术采用矩形断面的钢带替代圆形断面的焊丝作为电极,这不仅可以增加填充金属的熔化量和提高焊接的生产效率,还可以增加焊缝的成形系数。在熔深较小的情况下,这种方法可以显著扩大焊道的宽度,特别适用于多层焊接时的盖面层焊缝,尤其是埋弧堆焊,因此具有很高的实际应用价值。

带极埋弧焊技术拥有最快的熔敷速率、最小的熔深和稀释度,特别是在双带极埋弧焊中,它被视为表面堆焊的最佳选择。进行带极埋弧堆焊时,确保带材、焊剂和送带机构的成分恰当是至关重要的。通常情况下,带宽设置为 60mm。建议使用烧结焊剂作为焊剂,并努力降低氧化铁的含量。

在进行带极埋弧堆焊时,通常会选择使用直流反接极性方法。为了最大限度地降低稀释率,焊接时的电流不应超过 950A,26V 的电压是最理想的,同时焊接的速度也不应过快。

经常采用低合金钢板进行对接的水平固定焊接方法

(一)埋弧焊中、厚板的平板对接操作

埋弧焊机的操作以 MZ－1000 型埋弧焊机为例,具体的准备工作如下:

(1)首先调节轨道的位置,接着把焊接用的小车安置在轨道之上。

(2)将预备好的焊剂放入焊剂漏斗中,并确保焊丝在焊丝盘上被稳固地固定。

（3）请将焊接电源开关与控制电路的电源开关合上。

（4）通过按下控制盘上指示焊丝向下或向上移动的按钮，可以精确地调整焊丝的位置，确保焊丝与待焊接部位的中心对齐，并与焊件的表面产生轻微的接触。

（5）调节导电嘴与焊件之间的间距，以确保焊丝能够适当地伸出。

（6）请将旋钮调整至焊接的位置，并根据焊接的方向，把自动焊车的换向开关调整到前方或后方的位置。

（7）根据所选择的焊接参数来确定相关参数。

（8）操作焊接小车的离合器手柄，确保主动轮与焊接小车的减速器相连接。

（9）启动焊剂漏斗的阀门，确保焊剂被均匀地放置在焊接的位置上。

焊接操作如下：

焊接启动：在焊接过程中，按下启动按钮以连接焊接电源，这时焊丝会向上拉起，紧接着焊丝和焊件之间会产生电弧，电弧会不断拉伸，当电弧电压达到预定值时，焊丝会开始向下输送；当焊丝的送丝速度与其熔化速度达到一致时，整个焊接过程便会变得稳定；与此同时，焊车也开始按照轨道方向进行移动，焊接工作也在正常进行中。

在焊接操作中，务必密切关注焊接电流表和电弧电压表的读数，以及焊接小车的行进路径，并根据需要进行实时调整，以确保焊接参数的一致性和避免焊接过程中的偏差；在焊接过程中，要特别关注焊剂漏斗内的焊剂量，并在数量较少的情况下及时补充，以防止弧光暴露对焊接工作的正常进行产生不良影响；焊接小车的电源电缆和控制线需要特别留意，以避免在焊接过程中被焊件或其他物体悬挂，从而导致焊瘤、烧穿等不良现象。

停止焊接操作：请关闭焊剂漏斗上的闸门；按下停止按钮分为两个步骤：首先，按下一半的按钮。在这个过程中，不要放开手，这样可以阻止焊丝的进入。在这个过程中，电弧还在持续燃烧，电弧逐渐拉伸，弧坑也逐步被填满；在第二步中，当弧坑被填满后，继续按下停止按钮，这时焊接小车会自动停止并断开焊接电源。在操作过程中,需要格外小心。如果按下停止开关的一半时间过短,焊丝可能会粘附在熔池里或无法填满弧坑。而如果时间过长,焊丝嘴可能会受损。因此,持续的练习和经验积累是掌握焊丝的关键。取下焊接小车的离合器手柄,并用手把焊接小车推向合适的轨道位置。回收焊接材料,清理掉渣壳,并仔细观察焊缝的外表。焊接完成之后,务必断开所有电源,彻底清洁现场,整顿所有设备,并确保没有易燃火焰,然后才能离开现场。

(二)12mm 板厚 I 形坡口对接(带焊剂垫)双面焊技术

(1)焊前准备。

焊接部件以及相关的技术规格。焊接部件的材料可以是 Q235 钢或者 20Cr 钢;焊接部件的尺寸为:400mm×100mm×12mm;坡口的形状是 I 型的。

用于焊接的材质。焊丝的规格为 H08Aφ5mm;使用的焊接剂是 HJ431;焊接定位焊条的规格为:E4303φ4mm。在焊接之前,焊丝需要去除油渍、锈迹和其他杂质,同时焊条和焊剂也需要进行烘干处理。

在焊接之前进行清洁。需要将坡口表面以及位于坡口上方和下方 15~20mm 范围内的钢板上的油、锈、水和其他杂质进行打磨,直到它们展现出金属的光泽。

(2)进行焊接的组装与定位工作。装配的间隙范围是 2~3mm,预设的反变形角度为 3°,而错边量不应超过 1.2mm;定位焊使用焊条电弧焊技术,将引弧板和引出板焊接到试验板的两端,其中引弧板和引出板的尺寸都是 100mm×100mm×12mm,焊接完成后进行切割。

(3)关键的操作步骤。焊接的顺序是首先焊接背面的焊道,然后焊接正面的焊道。

(4)背侧焊接路径的关键操作步骤。

使用焊接垫。在焊剂垫中,焊剂的型号必须与工艺所需的焊剂保持一致。在焊接过程中,必须确保试板的正面被焊剂紧密贴合。在进行焊接操作时,我们必须特别留意避免试板因受热而发生变形,焊剂的脱落,以及可能出现的焊漏和烧穿等问题,尤其是要确保焊缝的末端末端不会出现焊漏或烧穿的情况。

焊丝正对着中心。需要调节焊丝的位置,确保焊丝头与试板的间隙对齐但不与样品产生接触,并多次拉动焊接小车来回移动,以确保焊丝能够准确地对准整个焊件的间隙。

做好引弧的准备。把焊接用的小车拖到引弧板上,然后调整小车的行走方向开关位置,并将小车的行走离合器锁紧;接下来,按下送丝和退丝的按钮,确保焊丝的端部与引弧板能够稳固地接触,如果选择使用钢绒球来引弧,那么首先需要将钢绒球引弧。按下这个启动按钮,电弧就会被点燃。焊接小车在试板的缝隙中移动,并开始进行焊接作业。在这种情况下,需要仔细检查控制盘上的电流表和电压表,以确认焊接电流和电弧电压是否与工艺规定的参数一致。若发现不匹配,应立即调节对应的旋钮,直到所有参数都达到规定的标准。

焊接正面焊道不需要垫焊剂垫,其余操作与背面焊道的操作相同。

第三节　埋弧焊作业事故原因及预防

一、埋弧焊事故产生原因

尽管焊接过程中使用的设备和能源都存在火灾的风险,但火灾和爆炸事故的主要原因并不是这些设备和能源本身,而更多是因为焊接过程中的思维模糊、操作失误、管理制度不严格和安全措施执行不到位所导致的。事故的常见原因主要包括:

(1)焊接过程中,由于金属火星的高温飞溅,这成为了火灾和爆炸发生的主导因素。

(2)焊接过程中的热传递可能导致火灾事故的发生。在焊接的过程当中,如果焊件的热量是通过金属传递的,那么焊件的另一端的可燃物很可能会被点燃。

（3）焊接任务完成之后，遗留下来的火种并未被扑灭，从而构成了火灾的潜在风险。

（4）埋弧焊机所使用的电源控制箱配备了380V或200V的电源。尽管埋弧焊机操作盘上的电器通常是安全的，但一旦发生漏电，很容易导致触电事故的发生。

（5）由于埋弧焊过程中电流较大，如果焊剂不能有效地掩埋电弧，那么弧光可能会对焊工的眼睛造成严重的刺激。

二、埋弧焊事故预防措施

（一）作业前和作业中的预防措施

（1）确保焊接设备的完整性和易用性，以防止其出现任何故障。在每日上班进行动火作业之前，首先需要对焊接设备进行全面检查，特别是电焊机的运行和使用状态是否正常，以及焊接电缆铺设过程中是否存在潜在的安全隐患等方面。

（2）确保焊接作业现场的安全性，彻底清除所有可能的可燃物，并采取措施预防因焊接火星飞溅导致的火灾事故。

（3）我们需要深入了解焊件的内部构造，确保焊件内的易燃、易爆等可燃物质被彻底清除，从而避免爆炸事故的发生。

（4）我们需要详细了解焊接部分的具体情况，以避免由于热传导和热扩散导致的火灾事故。为避免焊接过程中的火灾和爆炸事故，我们可以对焊接部件和焊接场地实施必要的安全保护措施。

（5）需要增强空气流通。在室内作业环境中存在易燃、易爆和有毒气体的情况下，应首先确保良好的通风条件，以便能够及时排除焊剂释放时产生的粉尘和焊接过程中释放的烟尘及有害气体。

（6）焊接用的电源、小车等部件的外壳或机身都必须稳固地接地，并且所有的电缆连接部分都需要紧固。

（7）在接通电源并开始用电之前，需要先进行冷却处理。当作业地点附近的可燃物不能移动时，可以通过喷水的方式，将可燃物浇湿，然后冷却,这样可以提高它们的耐火能力。

(8)务必清理焊机移动路径上可能导致焊头和焊件发生短路的金属部件,以防止短路打断正常的焊接过程。

(9)在按下启动按钮进行引弧操作之前,应当先使用焊剂,以防止明弧被点燃。

(10)为了避免对身体造成灼伤或触电的风险,操作人员应当确保穿戴适当的劳动防护装备和绝缘鞋履。为了避免眼睛受到渣壳飞溅和弧光泄露的灼伤,建议佩戴浅色的防护眼镜。

(二)焊接结束后的安全检查

(1)在作业的后期阶段,必须严格执行防火和防爆的相关措施。

(2)焊接工作完成之后,有必要立即对现场进行全面和彻底的清扫,以消除任何残留的火种。请关闭电源和气源,并确保焊接设备被放置在一个安全的位置。

(3)焊接作业地点常常存在难以察觉的火灾风险,因此,除了在作业结束后进行细致的检查之外,下班后应主动通知相关人员或下一班的工作人员,以加强对其的安全检查。

(4)焊接工作人员在工作时所穿的工作制服在下班后需要进行全面的检查,以确认是否存在潜在的火灾风险。

第六章　气体保护焊

气体保护焊作为实现自动化焊接的一种重要方法,在焊接领域中的地位越来越重要,尤其对于仰焊和立焊等位置的焊接更是具有极大的优势。气体保护焊具有高焊接质量、高生产率和低作业成本等优点。

第一节　气体保护焊原理、应用范围及作业安全

气体保护电弧焊简称气体保护焊,它是利用电弧作为热源,气体作为保护介质的熔焊。在焊接过程中,保护气体在电弧周围造成气体保护层,将电弧、熔池与空气隔开,防止有害气体的影响,并保证电弧稳定燃烧。

一、气体保护焊原理及作业特点

气体保护电弧焊采用外部气体作为电弧的介质,并对电弧及其焊接区进行保护,与其他焊接技术相比,气体保护焊有其独特之处。

(1)焊接时,电弧和熔池的可视性非常高,这使得在焊接过程中可以清楚地看到熔池的状态,从而便于调整焊接的参数。

(2)焊接的操作流程十分简便,几乎不存在熔渣或仅有极少的熔渣,焊接完成后基本无需进行清渣处理,从而提高了焊接的生产效率。

(3)在保护气流的压缩作用下,电弧的热量高度集中,导致焊接速度加快,熔池尺寸减小,热影响区也相对狭窄,从而使得焊接后的焊件变形减少。

(4)气体保护焊的使用方式既方便又灵活,这有助于焊接过程的机械化和自动化,尤其是在立焊、仰焊等特定位置的机械化焊接。

(5)气体保护焊技术能够焊接具有高度化学活性和容易形成高熔点

氧化膜的镁、铝、钛及其合金材料。

二、气体保护焊分类

(1)根据电极是否熔化,可以将其分类为:非熔化极(钨极)的惰性气体保护焊(TIG)以及熔化极气体保护焊(GMAW)。

(2)根据保护气体的种类,可以将其分类为:惰性气体保护焊(MIG)、氧化性混合气体保护焊(MAG、CO_2 气体保护焊)。

(3)根据焊丝的种类,可以将其分类为:实心焊丝的气体保护焊和药芯焊丝(也称为管状焊丝)的气体保护焊(简称 FCAW)。

三、气体保护焊安全特点

气体保护焊除具有焊条电弧焊的安全特点以外,还要注意以下几点。

(1)气体保护焊具有高电流密度、强烈的弧光和高温特性。在高温电弧和强烈紫外线的影响下,产生的有害气体浓度可能是焊条电弧焊的4~7倍。因此,确保良好的通风和个人防护是至关重要的。

(2)在钨极氩弧焊的引弧过程中,所使用的高频振荡器会释放高频电磁波。这种高强度的电磁辐射对于接触高频电磁波较多的焊工来说,可能会导致头晕、乏力、心跳加速等不适症状。

(3)氩弧焊中使用的钨极材料,如钍、铈等稀有金属,具有放射性。如果焊接工人在修整电极时未佩戴口罩或使用防尘砂轮,一旦这些放射性粉尘被吸入体内,可能会导致中枢神经系统受损,从而降低焊接工人的免疫力。

(4)气体保护焊通常使用压缩气瓶进行供气,由于压缩气瓶在使用过程中存在一定的危险性,因此加强气瓶的使用安全性是非常必要的。

四、保护气体的性质和使用要求

气体保护焊所采用的防护气体包括惰性气体、二氧化碳气体以及氮气等。用于气体保护焊接的惰性气体包括氦气和氩气。惰性单质是由单一原子组成的分子,其化学特性非常不活跃,因此经常被用作保护性气体。例如,在焊接高精度部件或如镁、铝这样的活跃金属,以及在制作半导体晶体管时,氩气经常被用作保护气体。原子能反应堆中的核燃料钚在空气中会快速氧化,因此需要在氩气的保护下进行机械处理。

(一)氩气

在当前的工业应用中,氩气被认为是最普遍使用的惰性气体。该物质是无色和无味的,在标准条件下,其密度达到了 $1.784kg/m^3$。其重量稍微重于空气,因此在使用过程中不容易产生漂浮和散失,能在熔池上方形成一个良好的保护层。另外,当使用氩气作为保护气时,产生的焊接烟雾非常少,这使得观察熔池和控制熔池变得更加方便。

氩气具有非常不活跃的化学特性,既不具备燃烧能力,也不能促进燃烧;它既不会与金属产生化学反应,也不会在金属中溶解。一旦电弧被点燃,其燃烧过程将变得非常稳定。

对于某些特定的金属,如铝、镁、铜以及它们的合金和不锈钢,氩气经常被用作焊接的保护气,这有助于防止焊接部分受到空气的氧化或氮化作用。根据我国目前的规定,氩气的纯度必须达到 99.99%,这样才能完全满足焊接铝、钛及其合金等活跃金属的标准。

(二)氮气

氮气是一种无色、无味、无味的窒息性气体,它是一种惰性的双原子气体,其化学性质不活跃,气体分子比氧分子大,具有不易热胀冷缩、变形幅度小、不可燃也不助燃等特点。在进行检修之前,常用于容器的安全防爆、防火替换和耐压测试,特别是在等离子切割操作中,它是必不可少的离子气体。

氮气在大气中所占的体积分数为 78.12%,它构成了空气的核心部分。在常温条件下,氮气作为一种气体,其化学特性相当稳定,因此在常温环境中与其他物质的反应是相当困难的。

通常来说,氮气是无毒的。然而,当人们生活在氮含量超过 94% 的环境中时,由于严重的缺氧状况,他们可能在几分钟内因窒息而失去生命。因此,我们必须采纳适当的防护措施,确保有良好的通风环境,并避免高浓度的吸入。

(三)二氧化碳(CO_2)

二氧化碳是我们在空气中经常遇到的一种气体,它没有任何闪点,并且是不可燃烧、不助燃的(通常情况下),它是无色、无味且无毒的。在常温条件下,二氧化碳是一种无色、无毒且略带酸味的多原子窒息性气体,它可以溶解在水中,并且其来源广泛且成本相对较低。

在焊接过程中,二氧化碳(CO_2)以及混合了二氧化碳和氧气的气体经常被用作焊接的保护气体。

在标准条件下,二氧化碳气体的密度是空气的 1.5 倍,并且其重量超过空气,这有助于在熔池上方形成一个有效的保护层,从而避免空气渗入熔池。在电弧高温的影响下,二氧化碳气体会进行吸热分解,这使得二氧化碳气体对电弧弧柱的冷却效果更为显著,导致电弧区域变窄和热量高度集中,因此焊接时的变形较小,尤其适合用于薄板焊接工作。

用于焊接的二氧化碳气体需要达到相对高的纯净度,通常其纯度应不低于 99.5%。二氧化碳中的水分含量与气体的压力直接相关。在常温常压条件下,二氧化碳是气态的,但在较低的压力下,它可以被压缩为液态。用于焊接的二氧化碳气体实际上是通过瓶装液态汽化得到的。

二氧化碳有助于激活呼吸中枢,从而加速和加深便呼吸。高浓度的二氧化碳能够对呼吸中枢产生抑制和麻痹作用。

(四)混合保护气体

(1)混合了氩和氦的气体。氩气产生的电弧既稳定又温柔,且具有出色的阴极清洁效果。氦气电弧释放的热量既大又集中,并且具有相对较深的熔化深度。当这两种材料混合使用时,它们的优势将会同时得到体现。根据体积比例来看,氦气的占比在 75%~80% 之间,而氩气的占比在 25%~20% 之间是比较合适的。

(2)混合了氩和氢的气体。氩-氢的混合气体仅适用于不锈钢和镍合金的焊接,对于低碳钢和低合金钢则并不适宜。采用氩-氢混合气体的主要目标是为了加速焊接过程并控制焊缝的形成,从而让焊道显得更为美观。在氩－氢的混合气体中,氢的含量应当不超过 15％,过高的氢含量可能导致气孔形成。在手工进行钨极氩弧焊的过程中,氢的含量应当不超过 5％。

第二节　气体保护焊设备

气体保护焊按照所用电极的不同,可以分为非熔化极气体保护焊和熔化极气体保护焊两大类。

一、非熔化极气体保护焊设备的组成

由于非熔化极气体保护焊主要使用氩气作为保护气体,因此这种非熔化极气体保护焊也被称作钨极氩弧焊(TIG)。

钨极氩弧焊设备主要包括焊接电源、焊接程序控制系统、引弧和稳弧装置、焊枪、气路系统、水冷系统等几个部分。自动钨极氩弧焊技术还涵盖了焊枪的移动机构、旋转机构以及自动送丝的机构等组件。

(一)焊接电源

钨极氩弧焊的电源可以被分类为直流电源、直流脉冲电源以及交流电源。所有电源的外部特性都是急剧下降的。

(1)直流电源设备。现阶段,钨极氩弧焊的直流电源主要包括晶闸管整流弧焊电源、晶体管整流弧焊电源以及逆变式弧焊电源。外部特性可以被设定为恒流特性,这有助于自动抵消电网电压的波动。该设备具有广泛的电流调节范围、出色的抗干扰性能和良好的动态特性,同时还能调整脉冲电流,便于焊接较薄的金属材料。

(2)交流电源拥有阴极清洁功能,在进行铝、镁以及其合金和铝青铜的焊接过程中,其焊接工艺性能表现出色。

(二)引弧及稳弧装置

(1)频繁地进行引弧操作。通过使用高频振荡器,我们可以产生

2500~3000V 和 150~260kHz 的高频高压。当这些高压加在钨极和焊件之间时,它们会穿透钨极和焊件之间的空隙(大约 3mm),从而点燃电弧。

高频振荡器主要用于焊接初期的引弧操作(例如,在交流钨极氩弧焊过程中,引弧完成后继续连接可以在焊接过程中起到稳定电弧的作用),而高频振荡器的振荡回路主要由电容和电感构成。

(2)利用高压脉冲进行引弧操作。通过在钨极和焊件之间施加高压脉冲,可以使两极之间的气体介质电离,从而引发电弧。采用高压脉冲进行引弧被认为是一个相当有效的方法。在进行交流钨极氩弧焊的过程中,通常采用高压脉冲进行引弧,同时也使用高压脉冲来稳定电弧。引弧和稳弧脉冲是由一个共享的主电路生成的,尽管它们各自拥有独立的触发电路。

(三)焊枪

焊枪的主要功能是固定钨极、传递焊接电流以及传输保护气体,因此,它必须满足以下标准:确保保护气流处于良好的流动状态并保持适当的挺度,以实现可靠的保护效果;具备出色的电导特性;确保充足的冷却时间,以确保其能够持续稳定地工作;喷嘴与钨极之间的绝缘性能非常出色,确保在喷嘴与焊接件接触时不会出现短路情况;具有轻便的重量、紧凑的结构以及便于安装、拆卸和维护的特点。

根据冷却方法,钨极氩弧焊焊枪可以被分类为气冷型(适用于电流≤100A 的焊接)和水冷型两大类;根据自动化程度,焊枪可以被分类为手动焊枪和自动焊枪。

用于焊枪喷嘴的材质包括陶瓷、纯铜以及石英这三种。高温陶瓷喷嘴不仅具有良好的绝缘性能,还能承受高温,其应用范围非常广泛,但一般情况下,焊接电流的上限不应超过 350A。纯铜制成的喷嘴能够承受高达 500A 的电流,但必须使用绝缘套来确保喷嘴与其导电部分之间的隔离。虽然石英喷嘴的价格相对较高,但在焊接过程中其可见性表现出色。

(四)供气系统和水冷系统

(1)供应气体的系统。供气系统是由高压气瓶、减压阀、浮子流量计以及电磁气阀所构成的。减压阀的作用是将高压气瓶内的气体压力降低到焊接所需的水平,流量计负责调整和测定气体流量,而电磁阀则通过电信号来控制气流的开关。在当前的工业实践中,流量计与减压阀经常被整合为一个组合式的减压阀,这种设计既方便又灵活。

(2)水冷技术系统。当焊接电流达到或超过150A时,所使用的焊枪必须是水冷型的,并且需要用水来冷却焊枪和钨极。对于传统的手工水冷式焊枪,一般的做法是将焊接用的电缆放入通水的软管中制作成水冷电缆,这种方法可以显著增加电流的密度,减少电缆的重量,使得焊枪变得更加轻便。

二、熔化极气体保护焊设备的组成

熔化极气体保护焊的方法是:使用可以熔化的焊丝作为电极,并利用焊丝与焊件之间产生的电弧作为热源来熔化焊丝和母材金属,同时向焊接区输送保护气体,以确保焊接电弧、熔化的焊丝、熔池和附近的母材金属不会受到周围空气的有害影响,从而保证焊缝的质量。焊接过程中,连续送进的焊丝会不断地熔化,然后过渡到熔池中,与熔化的母材金属融合,形成焊缝金属,冷凝后可以使焊件实现永久连接。根据自动化的水平,熔化极气体保护焊设备可以被分类为半自动焊与自动焊这两大类。焊接设备主要包括焊接电源、送丝系统、焊枪和行走系统(自动焊)、供气系统,以及冷却水系统和控制系统。

(一)焊接电源

对于熔化极气体保护焊,其焊接电源可以选择直流焊接电源、弧焊整流器式直流电源或逆变式弧焊电源这几种方式。

焊接电源所需的额定功率是由其在不同应用场景下所需的电流范围所决定的。熔化极气体保护焊所需的电流一般落在 $100\sim500A$ 的范围内,而电源的负载持续率(也被称为暂载率)则位于 $60\%\sim100\%$ 的区间,

空载电压则在 $55\sim85V$ 之间。

(二)送丝系统

送丝系统通常是由送丝机、送丝软管、焊丝盘等组成。盘绕在焊丝盘上的焊丝经过矫直轮和送丝轮送往焊枪。

根据送丝方式的不同,送丝系统可分为推丝式、拉丝式、推拉丝式、行星式四种类型。

(三)控制系统

该控制系统是由焊接参数的控制系统以及焊接过程的程序控制系统共同构成的。焊接参数的控制系统主要由以下几部分组成:焊接电源的输出调整系统、送丝的速度调整系统、小车或工作台的移动速度调整系统(自动焊接)以及气体流速的调节系统。它们主要负责在焊接前或焊接过程中调整焊接电流或电压、送丝的速度、焊接的速率以及气体的流速。

(四)引弧方式

熔化极气体保护焊有三种主要的引弧方法:首先是爆断引弧(即焊丝与焊件接触,然后通电使焊丝与焊件接触处熔化,焊丝爆断后引燃电弧),其次是慢送丝引弧(即焊丝缓慢送向焊件直到电弧引燃,然后提高送丝速度),最后是回抽引弧(即焊丝接触焊件,通电后回抽焊丝引燃电弧)。熄弧的方法主要有两种:一种是电流衰减(即送丝速度也会随之下降,填满弧坑以防止焊丝与焊件粘连),另一种是焊丝返烧(首先停止送丝,然后在一段时间后切断焊接电源)。

第三节　钨极氩弧焊特点及安全操作

钨极氩弧焊是在惰性气体的保护下,利用钨电极与焊件间产生的电弧热熔化母材和填充焊丝的一种电弧焊方法。

一、钨极氩弧焊的特点及应用范围

在使用钨极氩弧焊进行焊接的过程中,保护气体会从焊枪的喷嘴中持续喷射出来,形成一个围绕电弧的气体保护层以隔绝空气,这样可以避免空气对钨极、熔池和附近的热影响区产生不良影响,从而实现高质量的焊缝。在钨极氩弧焊过程中,常用的惰性保护气体包括氩气、氦气以及氩氦混合气。由于氦气的价格相对较高,因此在工业生产中,氩气是主要的选择。

　　根据操作方法,钨极氩弧焊可以被分类为手工焊、半自动焊以及自动焊这三种类型。在手工进行钨极氩弧焊的过程中,焊枪的移动和焊丝的添加都是完全依赖于手工完成的。

　　在半自动钨极氩弧焊的过程中,焊枪的移动是通过手工完成的,而焊丝则是由送丝机构自动送入。在进行自动钨极氩弧焊的过程中,如果焊件是固定电弧运动的,那么焊枪就会被安装在焊接小车上,小车的移动和焊丝的输送都是通过机械来完成的。

　　在自动钨极氩弧焊技术中,焊丝可以通过冷丝或热丝的形式进行添加。热丝的定义是,焊丝在经过预热之后再被加入到熔池里,这种做法能显著加快熔敷的速度。在特定的环境下,如进行薄板焊接或基础焊接,焊丝的添加有时是不必要的。

(一)钨极氩弧焊具有下列特点

　　(1)氩气具有出色的隔离周边空气的能力。氩气既不会溶解在金属中,也不会与金属发生反应。在钨极氩弧焊的过程中,电弧具有自动去除焊件表面氧化膜的功能,这使得我们能够成功地焊接具有高化学活性的有色金属、不锈钢以及各种合金。

　　(2)脉冲钨极氩弧焊技术,特别适合于焊接薄板和超薄板的材料。

　　(3)由于热源和焊丝可以分开进行控制,这使得热输入的调节变得简单,可以在各种不同的位置进行焊接,这也是实现单面焊双面成形的最佳方式。

(二)应用范围

　　钨极氩弧焊适用于几乎所有的金属和合金焊接,但由于其成本相对较高,通常更多地用于焊接铝、镁、钛、铜等有色金属,以及不锈钢、耐热钢等材料。

考虑到生产效率,钨极氩弧焊所焊接的板材的厚度最好不超过3mm。对于某些金属的厚壁关键部件(例如压力容器和管道),在进行根部熔透焊道焊接、全位置焊接和窄间隙焊接的过程中,为了确保焊接质量的优良,有时也会选择使用钨极氩弧焊技术。

二、钨极氩弧焊电源特性

(一)直流钨极氩弧焊

在直流钨极氩弧焊的过程中,阳极产生的热量明显超过阴极。因此,在使用直流正接焊接的情况下,由于钨极的发热量较低,它不容易过热。对于相同直径的钨极,可以选择使用更大的电流,这使得工件的发热量增大,熔深加深,从而提高了生产效率。此外,由于钨极是阴极,其热电子发射能力出色,电弧稳定且集中,所以大部分金属材料更适合采用直流正接焊接方法。

(二)交流钨极氩弧焊

交流电源主要应用于铝、镁以及其合金和铝青铜的焊接工作。其独特之处在于,在负半波(即焊件为负)条件下,它具有阴极清洁功能;而在正半波(即焊件为正)条件下,由于钨极的发热量较低,不易熔化,因此与直流反接相比,相同大小的钨极的允许电流要大得多。交流钨极氩弧焊面临的核心问题包括直流成分和电弧的稳定性。

(三)脉冲钨极氩弧焊

脉冲钨极氩弧焊技术是一种高效、高品质、经济且节能的前沿焊接方法。它不仅可以焊接过去难以处理的热敏感金属(如铜、铂、镍等),还适用于焊接难度较大的场合(如不等厚焊件、窄间隙、薄板件和超薄件)。

三、焊接参数的选择

钨极氩弧焊的焊接参数主要有焊接电源种类及极性、焊接电流、电弧电压、钨极直径及端部形状、保护气体流量等,钨极伸出长度、焊接速度等。

(一)电极选用

钨极在钨极氩弧焊过程中是一种容易损耗的材料。钨的熔点(3410℃)和沸点(5900℃)都相当高,因此在高温条件下,它具有出色的电子发射性能,被认为是目前非熔化极电弧焊中最优秀的电极材料之一。在钨极氩弧焊中,目前经常使用的三种材料是纯钨极、钍钨极以及铈钨极。

纯钨极的熔点和沸点都相当高,但其缺点在于需要较高的空载电压和较小的承载电流能力,因此在使用交流电时,电极容易受到污染。钍钨极中加入了氧化钍成分,这有助于减少空载电压,增强引弧和稳弧的性能,扩大允许的电流范围,但由于存在微量的放射性,因此在操作过程中必须增强防护措施。与钍钨极相比,铈钨极具有更高的引弧能力和更低的钨极损耗,同时其放射剂量也显著降低,因此它被认为是当前最优秀且应用最广的电极材料之一。

(二)电源种类

手动钨极氩弧焊电源的种类和极性选择主要依赖于被焊接部件的材质,也就是根据不同材质的物理和化学特性来确定,有时还需要考虑焊件厚度不同可能导致的热物理性能差异。

在焊接铝、镁及其合金时,通常选择交流方式,而对于其他金属的焊接,则通常使用直流正接或反接技术。

正接法包括:焊接部分连接正极,而钨棒则连接负极。在焊接过程中,电子以高速冲撞焊件,导致热量主要集中在焊件上,从而形成深而窄的熔池。气体中的正离子向钨极冲击,由于钨极的热量较低,因此损失也相对较少。这种材料适用于焊接耐热钢、合金钢、不锈钢、铜以及钛。

反接方法包括:焊接部分连接到负极,而钨棒则连接到正极。在焊接过程中,电子以高速冲撞至钨极,这导致钨极的热量增加并迅速消耗。当气体正离子冲击焊件时,由于正离子的质量较大,它能够破坏焊件表面的氧化膜,从而产生所谓的"阴极雾化"效果。该技术主要应用于熔化极氩弧焊和钨极氩弧焊焊接过程中,以生成铝、镁及其合金表面的高熔点氧化膜。

交流电源因其极性的交替变化,不仅具有"阴极雾化"的功能,还具有钨极消耗比直流反接法更少的优点,因此非常适合用于焊接铝、镁及其合金。

(三)焊接电流

决定焊缝熔深的核心参数是焊接电流的大小,这一参数主要是基于焊件的材质、厚度、接头的设计、焊接的具体位置以及焊工的技术能力(在手工焊接时)来进行选择的。当电流过高时,可能会导致焊缝处的烧穿、下陷或咬边等问题,同时也可能导致钨极的烧损或出现夹钨的缺陷;当电流太低时,电弧的燃烧可能会变得不稳定,甚至可能出现偏吹现象。

(四)电弧电压

钨极端部越尖,电压越高。过高影响气体保护效果,也会使焊缝氧化或产生焊透不匀等缺陷,应在保证良好视线的前提下短弧操作。通常电弧电压的选用范围是 $10\sim20V$。

(五)钨极直径及端部形状

钨极的端部形态被视为一个关键参数。依据使用的焊接电流类型,选择适当的端部设计。钨极的允许电流、引弧和稳弧性能会受到尖端角度大小的影响。在进行小电流焊接时,选择小直径的钨极和较小的锥角可以使电弧更容易点燃并保持稳定;在进行大电流焊接操作时,扩大锥角有助于防止尖端因过热而熔化,从而降低能量损失,并避免电弧向上蔓延,进而影响阴极斑点的稳定性。焊缝的熔深和熔宽在一定程度上受到钨极尖端角度的影响。缩小锥角会导致焊缝的熔深降低和熔宽扩大。如果不是这样,那么熔化的深度会增加,而熔化的宽度会减少。

(六)气体流量和喷嘴直径及焊丝直径

在特定的环境条件下,气体的流速和喷嘴的直径存在一个最理想的区间,在这个区间内,气体的保护效能达到最优,同时有效的保护区域也是最大的。如果气体流速太低,气流的挺度不佳,排除周边空气的能力较弱,那么保护效果将不是很好;当流量过大时,很容易产生紊流现象,导致空气被卷入其中,这也会削弱保护效能。同理,在流量保持恒定的情况下,如果喷嘴的直径太小,其保护作用范围也会受到限制,并且由于气流速度过快,可能会产生紊流现象;如果喷嘴尺寸过大,不仅会影响焊工的观察能力,还会导致气流速度减缓、挺度降低,从而降低保护效能。因此,气体的流速与喷嘴的直径之间需要有适当的匹配。通常情况下,手工氩弧焊喷嘴的内径选择范围是钨极直径的 2～4 倍,大约在 5～14mm 之间;氩气的流速范围是喷嘴直径的 0.8～1.5 倍,大约是 5～25L/min。

氩气保护实验方法:根据预先确定的工艺参数,在与焊件材料一致的试验板上点燃电弧并保持其静止,等待电弧燃烧 5～10s 后熄灭,接着观察熔化焊点附近是否有明显且明亮的圆环存在。圆圈的尺寸越大,其亮度和清晰度就越高,这意味着其保护效果更为出色。

颜色观察法涉及在试验板上进行焊接,并在焊接完成后仔细观察焊缝表面的氧化色,以此来评估气体保护的实际效果。在不锈钢焊缝的表面颜色方面,银白色和金黄色表现得最为出色,其次是蓝色,灰色质量较差,而黑色则是最不理想的。

(七)钨极伸出长度

钨极的伸出长度描述的是钨极端部从喷嘴端面延伸出去的距离。如果伸出的长度较短,且喷嘴与焊件的距离较近,那么保护效果会更好。但是,如果距离过近,可能会影响视线,妨碍操作,并可能导致钨极与熔池接触,从而产生夹钨。手工制作的钨极氩弧焊喷嘴,其直径通常在 5～20mm 之间;氩气的流速范围是 3～25L/min;钨极的伸展长度介于 5～10mm 之间;喷嘴与焊接部件之间的距离为 5～12mm。

(八)焊接速度

焊接的速率主要是基于焊件的厚度来确定的,并与焊接电流、预热的温度等因素相结合,以确保达到所需的熔深和熔宽。在进行高速自动焊接的过程中,焊接速度对气体保护效能的影响也是不可忽视的因素。如果焊接速度太快,保护气流可能会严重偏后,这可能会导致钨极端部、弧柱、熔池暴露在空气中,因此必须采取适当的措施,例如增加保护气体的流量或将焊炬前倾一定的角度,以保持良好的保护效果。

四、钨极氩弧焊操作技术

在焊接过程中,焊枪、焊丝和焊件之间的相对位置必须保持在正确的范围内,而在进行直缝焊接时,通常会选择使用左向焊接方法。焊丝和焊件之间的夹角不应过大,否则可能会影响电弧和气流的稳定性。在手工进行钨极氩弧焊的过程中,送丝可以选择断续送进或连续送进两种方式。务必确保焊丝不与高温的钨极发生接触,以防止钨极受到污染或烧损,从而影响电弧的稳定性。断续送丝时,还需防止焊丝端部从气体保护区内移出并发生氧化。

(一)焊前清理及预热

(1)焊接前的清洁工作:在开始焊接之前,必须确保焊接区和焊丝都被彻底清洁,并移除氧化膜、油脂和水分。在焊接部件的表面没有形成氧化膜的情况下,可以使用丙酮来进行脱脂。但如果氧化膜已经形成,则需要进行酸化处理或采用机械方法进行打磨,然后在焊接前使用丙酮进行去污处理。

(2)对于黑色金属的焊接,通常不需要进行预热,但对于厚度较大的板材或壁厚($\delta > 26$mm),可以适当地进行预热。预热可以提高焊接的速度,避免过热,减少合金元素的烧损,并有助于更好的熔合。

(二)装配与定位

定位焊所使用的焊丝和工艺与正式焊接是一致的。焊缝的一般定位长度为 10～15mm,而其余高则在 2～3mm 之间。对于直径不超过 φ60mm 的管子,我们可以在 1 个位置进行定位焊接;管子的直径范围是 Φ76～159mm,需要在 2～3 个位置进行定位焊接;对于直径为 φ159mm 或更大的部分,需要在 4 个位置进行定位焊接。定位焊的过程中,必须确保焊接完全透明,并且不能有任何瑕疵。定位焊的两端应当被加工为斜坡状,这样更有利于焊接接头的形成。

(三)引弧

我们可以使用短路接触法来引燃电弧,只需让钨极在引弧板上轻微接触,然后迅速抬起大约 2mm 的距离,电弧就会被点燃。当使用常规的氩弧焊设备时,只需确保钨极与待焊区域对齐(维持在 3～5mm 的范围内),并按下焊枪手柄上的按键,高频振荡器将立即产生高频电流,从而触发放电火花并点燃电弧。

(四)填丝施焊

在电弧点燃之后,对待焊区域进行加热,当熔池形成之后,立即适当增加焊丝以加厚焊缝,接着进行常规焊接操作。在焊枪和焊件之间,后倾角应维持在 75°至 80°之间,而填充焊丝与焊件的倾角应在 150°至 200°之间。一般来说,焊丝的倾角应尽量减小,因为过大的倾角可能会干扰氩气的保护机制。在进行填丝操作时,必须保持轻盈和稳定,以避免干扰氩气的保护机制。不能像气焊那样在熔池中进行搅拌,而应该逐滴缓慢地将焊丝端头送入熔池,或者将焊丝端头浸入熔池中,不断地填充并向前移动。根据装配间隙的大小,焊丝和焊枪可以同步地以缓慢的速度进行轻微的横向摆动。这样做是为了扩大焊缝的宽度。为了避免焊丝与钨极发生接触或碰撞,这样做可能会导致钨极更容易烧损并产生夹钨现象。

焊接时,焊丝的端部必须与保护区域紧密相连,基础焊接应在一次操作中连续完成,以防止焊接中断并减少焊接处的数量。在焊接过程中,如果发现存在缺陷,例如夹渣、气孔等,应立即清除这些缺陷,而不是通过重复熔化的方式来消除它们。在第二层之后的焊接过程中,如果选择使用焊条电弧焊,必须确保底层焊缝不会过度燃烧。焊条的直径不应超过 3.2mm,并且要严格控制热量的输入。在使用氩弧焊技术时,应确保层与层之间的接头位置不重叠,并对层与层之间的温度进行严格的监控和管理。

(五)收弧

在焊缝的最后部分进行收弧操作时,需要将熔池填满,然后按下电流衰减按钮,这样可以使电流逐步减少,最终熄灭电弧。在没有电流衰减装置的情况下,焊机在收弧过程中可以降低焊接的速度,并增加焊丝的填充量以填满熔池,然后电弧会迅速移至坡口边缘并熄灭。即使电弧已经熄灭,焊枪的喷嘴依然需要对准熔池,以确保氩气的持续保护,避免焊缝发生氧化。在焊接薄板的过程中,为了避免其发生变形,可以使用铜制的衬垫,并将焊接部分紧贴在衬垫之上,这样有助于散热。我们还可以为铜衬垫设计凹槽,并确保这些凹槽与焊缝对齐,从而为背面提供充气保护。

在执行管道环缝焊接的过程中,焊枪应确保其旋转方向与焊件的中心线有一定的偏移,这样可以方便地进行送丝操作并确保焊缝能够良好地成形。在管道焊接过程中,存在两种不同的焊丝填充方法:一种是管道外部送丝,另一种是管道内部送丝。通常在仰焊的位置使用内部送丝,而在立焊和平焊的情况下则选择外部送丝。

(六)加强气体保护作用的措施

对于那些对氧化和氮化反应特别敏感的金属和合金(例如钛及其合金),以及那些散热缓慢、在高温下停留时间较长的材料(如不锈钢),都需要更出色的保护性能。

为了增强气体的保护效果,我们采取了以下措施:在焊枪的后方加装带有氩气的拖罩,确保400℃以上的焊缝和受热区域仍然得到保护。为了增强反面的防护效果,焊缝的背面可以使用可通氩气的保护垫板、背面的保护罩,或者在被焊接的管子内部的特定封闭气腔中填充氩气。通过在焊缝的两侧和背面安装纯铜冷却板、铜垫板和铜压块(无论是水冷还是空冷),都能有效地加速焊缝和热影响区的冷却过程,并缩短高温下的停留时间。

五、钨极氩弧焊安全技术

(一)氩弧焊的有害因素

氩弧焊影响人体的有害因素有三方面。

(1)具有放射性特性。钍在钨极中是一种放射性元素,但在钨极氩弧焊过程中,钍对钨极的辐射剂量极低,处于可接受的范围内,因此其危害性相对较小。当放射性气体或微粒进入人体作为内部放射源时,它们可能会对人体健康造成严重的威胁。

(2)高频的电磁场现象。当使用高频引弧技术时,所产生的高频电磁场的强度范围是 $60\sim110V/m$,这一强度是参考卫生标准($20V/m$)的好几倍,但由于其持续时间较短,对人体的影响相对较小。在焊接过程中,如果高频振荡器经常起弧或持续作为稳弧装置使用,那么高频电磁场有可能变成其中一个潜在的有害因素。

(3)有毒的气体存在。在使用臭氧和氮氧化物进行氩弧焊的过程中,弧柱的温度相对较高,紫外线的辐射强度也明显超过了常规电弧焊,这导致焊接过程中臭氧和氧氮化物的大量生成。如果不实施适当的通风策略,这类气体对人的健康会带来巨大的威胁,它们是氩弧焊中最主要的危害元素。

(二)安全防护措施

(1)在氩弧焊的操作现场,必须配备高效的通风系统,以确保有害气体和烟尘能够被有效排放。除此之外,我们还可以通过部分通风手段来移除电弧附近的有害气体。

(2)建议使用放射剂量非常低的铈钨极。在钍钨极和铈钨极的加工过程中,推荐使用密封式或抽风式砂轮进行磨削,同时,操作人员需要佩戴口罩、手套等个人保护装备,并在加工完成后彻底清洗手和面部。钍钨极与铈钨极都应该存放在铝制的盒子里。

(3)为了最大限度地减少高频电磁场对焊件的干扰,确保焊件得到良好的接地,焊枪电缆和地线都应使用金属编织线进行屏蔽;适度地减少频次;尽可能避免采用高频振荡器作为稳定电弧的工具。

(4)在氩弧焊过程中,鉴于臭氧和紫外线的强烈影响,建议穿戴如耐酸呢、柞丝绸等的非棉布制成的工作制服。在焊接容器内部且无法实现局部通风的场合下,个人防护措施可以选择使用送风式头盔、送风口罩或防毒口罩等。

第四节　熔化极惰性气体保护焊

熔化极惰性气体保护焊是利用可熔化的金属丝作为电极,并采用惰性气体进行保护的电弧焊方法(MIG)。

熔化极惰性气体保护焊作为方便实现焊接自动化的一种焊接工艺,在焊接有色金属方面有着极大的优势,目前工业生产中较厚有色金属的焊接,基本上是采用熔化极惰性气体保护焊进行焊接。

一、熔化极惰性气体保护焊的特点

采用连续供应的金属丝作为电极,并选用氩气、氦气或它们的混合形式作为防护气体。鉴于焊丝的外部并未涂上任何涂料,这使得电流显著增加,从而导致基材的熔合深度增大,焊丝的熔化速度加快,熔覆效率提高。相较于钨极氩弧焊,这种方法在提升生产效率上,特别是在焊接中等和大厚度的板材时,展现出了巨大的优越性。

相较于其他种类的电弧焊技术,熔化极气体保护焊具有若干明显的优势。

(1)焊接过程具有很高的效率。由于连续的送丝过程中没有更换焊条,并且不需要清除焊渣;电弧与导电部分的距离较短,因此电流密度较大,从而加速了熔敷过程。

(2)焊接部位的金属氢含量相对较低。与其他电弧焊技术相比,这种方法的氢含量较低,通常不超过 5mL。

(3)焊接部分的熔合深度很大。在电流保持不变的前提下,熔化的深度相对较深。

(4)焊接过程中的变形和应力都相对较小。由于焊接的速度较快且热影响区较小,所以焊接时的变形和应力都相对较小。

(5)熔池的可视性表现得相当出色。焊接时产生的烟雾较少,熔池清晰可见,这使得熔池的控制变得容易,从而方便了全位置的焊接工作。

二、焊接参数

影响焊缝成形和工艺性能的参数主要有:焊接电流、电弧电压、焊接速度、焊丝伸出长度、焊丝的倾角、焊丝直径、焊接位置、极性等。此外,保护气体的种类和流量大小也会影响熔滴过渡、焊缝的形状和焊接质量。

(一)焊接电流和电弧电压

焊接时的电流是由焊丝的直径和传输速度所决定的。在确定焊接电流和熔滴过渡类型之前,通常会首先依据焊件的厚度来选定焊丝的直径。用于熔化极气体保护焊的焊丝,其直径通常在 0.8~2.5mm 之间。

如果其他变量保持不变,在特定的焊丝直径条件下,提高焊接电流会导致焊丝的熔化速度上升,因此,送丝速度也需要相应地提高。在相同的送丝速率下,较粗的焊丝需要更高的焊接电流。在相同的电流条件下,焊丝的直径越小,其熔化的速率就越高。焊丝的熔化速度特性因其材料的不同而有所区别。当焊丝的直径固定时,选择焊接电流(或送丝的速度)与熔滴的过渡方式密切相关。当电流相对较低时,熔滴会呈现为滴状的过渡状态(但如果电弧电压偏低,则会出现短路过渡);当电流触及到关键的电流阈值,熔滴开始进入喷射的过渡阶段。当焊接电流保持恒定时,电弧电压需要与焊接电流保持一致;这样做是为了防止出现气孔、飞溅以及咬边等不良现象。

在熔化极气体保护焊技术中,电弧电压不仅对焊缝的外观产生影响,更为关键的是它决定了熔滴过渡的方式和焊接过程的稳定性。电弧电压与所选择的焊接电流之间有着严格的匹配关系,在特定的电流范围内,通常只有一个最优的电弧电压。

熔化极气体保护焊所需的电流一般落在 100~500A 的范围内,而电源的负载持续率(也被称为暂载率)则位于 60%~100% 的区间,空载电压则在 55~85V 之间。

(二)焊接速度

焊接速度描述的是焊枪在焊缝中心线方向上的移动速率。在其他因素保持不变的情况下,焊接的深度会随着焊接速度的提升而增加,并存在一个峰值。焊接的速度是根据焊缝的形状和焊接电流来决定的。焊接的速度过快,导致熔化的金属在焊缝里没有得到充分的填充,从而容易产生咬边和焊缝表面的鳞纹变得粗糙;焊接的速度过于缓慢,熔池尺寸过大,这可能导致焊道宽度不均匀。熔化极气体保护焊通常使用比焊条电弧焊更快的焊接速率。

(三)焊丝伸出长度

焊丝的伸出长度越长,焊丝的电阻热越大,焊丝的熔化速度也越快。焊丝伸出长度一般为焊丝直径 10 倍左右。

(四)焊丝位置

焊丝向前倾斜焊接时,称为前倾焊法;向后倾斜时称为后倾焊法。倾角为 25° 的后倾焊法常可获得最大熔深。一般倾角在 5°~15° 范围可良好地控制焊接熔池。

(五)焊接位置

在平焊、立焊和仰焊的位置上,喷射过渡都是适用的。在平焊过程中,焊件与水平面的相对斜度会对焊缝的形成、熔深和焊接速度产生影响。如果选择下坡焊方法(即焊件与水平面的夹角不超过 15°),焊缝的余高和熔深都会减少,从而提高焊接速度,这对薄板金属的焊接是有利的;如果选择上坡焊方法,由于重力的作用,焊接的金属会产生后流,导致熔深和余高上升,而熔宽则有所减少。短路过渡焊接技术适用于薄板材料的平面焊接和全方位焊接。

(六)气体流量

当保护气体从喷嘴喷射出来并形成层流时,它具有广泛的有效保护区域和出色的保护效果。考虑到熔化极惰性气体保护电弧焊对熔池的防护需求很高,如果防护措施不到位,焊缝的表面可能会出现皱纹,因此喷嘴的孔径和气体流速都会相对于钨极氩弧焊有所增加。一般来说,喷嘴的孔径大约是 20mm,而气体的流速范围是 30~60L/min。

三、熔滴过渡

在熔化极惰性气体保护焊中,常用的熔滴过渡方式包括滴状过渡、短路过渡以及喷射过渡这三种不同的形态。在短路过渡阶段,由于电弧间隙较小、电弧电压和电弧功率都相对较低,这种情况通常只适用于中薄板焊接工作。在生产过程中,喷射过渡是最常用的技术。对于特定的焊丝和保护气体,当电流达到临界值时,熔滴过渡会从滴状过渡转变为射滴过渡;在电流超过临界电流的情况下,熔滴会进一步减少,从而导致射流的转变。喷射过渡与射流过渡均为喷射过渡的两个方式,它们的电弧非常稳定,产生的噪音较低且飞溅很少。

四、保护气体

(一)氩(Ar)气和氦(He)气

氩气和氦气均属惰性气体,焊接过程中不与液态和固态金属发生化学冶金反应。因此特别适用于活泼金属的焊接,如铝(Al)、镁(Mg)、钛(Ti)及其合金等。

(二)氩和氦混合气体

氩气是主要的气体成分,只需加入适量的氦气,就能制得融合了这两种优势的混合气体。这种方法的主要优势包括电弧燃烧的稳定性、较高的温度、焊丝的快速熔化,以及熔滴在轴向上的稳定过渡。此外,熔池中的金属流动性得到了增强,焊缝的形状更佳,并且焊缝的密封性也得到了提升。对于焊接铝及其合金、铜及其合金这类热敏感性极高的高导热材料来说,这些优势显得尤为关键。

(三)双层气流保护

熔化极气体保护焊有时采用双层气流保护可以得到更好的效果。此时,喷嘴由两个同心的喷嘴组成,即内喷嘴与外喷嘴,气流分别从内、外喷嘴流出。

采用双层气流保护的目的一般有两个:

(1)增强防护效能。为了增强保护效果,我们将保护气体分为内外两层进入保护区,其中外层的保护气流有效地隔离了外围空气和内层的保护气,从而避免了空气的卷入。在铝合金的大电流焊接过程中,可以获得明显的成果。在这种情况下,两层保护气可以使用相同的气体,但由于流量的不同,需要进行合理的配置。通常,内层气体流量与外层气体流量的比例在1~2之间可以获得较好的效果。

(2)减少高价气体的消耗。在使用熔化极气体保护焊接钢材的过程中,为了实现喷射过渡,需要采用富氩气体进行保护。为了减少高价氩气的使用,我们可以选择使用内层氩气来保护电弧区域,而外层则是二氧化碳气体来保护熔池。即便是少量的二氧化碳气体被卷入到内层氩气保护区内,依然能够维持其富氩的特性。当使用这种双层气流保护时,焊接的效果是一样的,但是气体的消耗是80%的二氧化碳、20%的氩,因此可以显著降低成本。

第五节　熔化极活性气体保护焊

熔化极活性气体保护焊是一种电弧焊技术(MAG),它使用可融化的金属丝作为电极,并结合氧化性混合气体进行保护。

在低碳钢和低合金钢的焊接过程中,熔化极活性气体保护焊被认为是最主流的焊接技术,它以其低成本和高效率为特点。根据保护气体的种类,熔化极活性气体保护焊可以被分类为混合气体保护焊和二氧化碳气体保护焊这两种不同的焊接技术。

一、熔化极混合气体保护焊

(一)熔化极混合气体保护焊的特点

熔化极混合气体保护焊的方法是在惰性气体中加入特定量的氧化性气体,例如氩气混合二氧化碳气体($Ar+CO_2$),氩气混合氧气($Ar+O_2$),氩气混合氧气和二氧化碳气体($Ar+O_2+CO_2$)

作为一种保护气体的熔化极气体保护电弧焊技术。

熔化极混合气体保护焊技术可以通过短路过渡、喷射过渡和脉冲喷射过渡来实现焊接,这样可以确保焊接工艺的稳定性和优良的焊接接头性能。它适用于平焊、立焊、横焊、仰焊和全位置焊等多种焊接方式,特别是在碳钢、合金钢和不锈钢等金属材料的焊接过程中表现尤为出色。

使用混合气体作为防护气体可以带来以下效果:增强熔滴过渡的稳固性,确保阴极斑点的稳定性,并提升电弧燃烧的稳定程度;对焊缝的熔深形态和外部形态进行优化,从而提高电弧的热能输出;确保焊接部位的冶金品质,降低焊接中的瑕疵,并减少焊接的总成本。

(二)常用混合气体及其应用范围

熔化极混合气体保护焊的混合气体是通过供气系统将两种或更多的气体均匀混合,然后以一定的流量通过焊枪送入焊接区域。混合气体的种类可以是两类气体,也有可能是三类或四类气体,但一般情况下是两类气体。

(1)氩气与二氧化碳气体($Ar+CO_2$)的结合。这类混合气体主要用于焊接低碳钢和低合金钢,常见的混合比例是 $Ar \geq 70\% \sim 80\%$,$CO_2 \leq 20\% \sim 30\%$。例如,在氩气中加入 20% 的二氧化碳气体形成的混合气体,不仅继承了氩弧的特性(如电弧燃烧稳定、飞溅少、容易实现轴向喷射过渡等),还具有氧化性,这克服了氩气焊接时的表面张力大、液体金属黏稠、斑点容易飘移等问题,同时也改善了焊缝的蘑菇形熔深。这类混合气体适用于喷射的过渡电弧、短路的过渡电弧以及脉冲的过渡电弧。

(2)氩气与氧气的结合($Ar+O_2$)。在氩气中加入氧气形成的混合气体,其标准的混合比例是 $Ar \geq 95\% \sim 99\%$,而 $O_2 \leq 1\% \sim 5\%$。这种材料适用于焊接碳钢、不锈钢以及其他高合金钢和高强度钢。该方法能够解决纯氩气保护焊接不锈钢时遇到的一系列问题,如液体金属的高黏度、大的表面张力、容易形成气孔、焊缝金属的润湿性差、容易导致咬边和阴极斑点飘移,从而引发电弧不稳等问题。

(3)氩气与二氧化碳气体以及氧气($Ar+CO_2+O_2$)的结合。使用

$Ar + CO_2 + O_2$ 的混合气体作为保护气体进行低碳钢和低合金钢的焊接，相较于使用这两种混合气体焊接，其焊缝的形成、接头的质量、金属的熔滴过渡以及电弧的稳定性都表现得更为出色。

二、二氧化碳气体保护焊

二氧化碳气体保护焊是一种利用 CO_2 气体作为保护气体的熔化极气体保护电弧焊技术，通常简称为 CO_2 焊。由于 CO_2 气体的重量超过空气，因此从喷嘴喷出的 CO_2 气体可以在电弧区域形成一个有效的保护层，从而避免空气进入熔池，减少空气中有害物质（例如氮）对焊缝的不良影响。

根据焊丝的直径，二氧化碳气体保护焊可以被分类为粗丝二氧化碳气体保护焊（即焊丝直径 $\geqslant 1.6mm$）和细丝 CO_2 焊（即焊丝直径 $\leqslant 1.2mm$）。由于细丝二氧化碳气体保护焊技术已经非常成熟，所以在实际应用中，主要采用的是细丝二氧化碳气体保护焊方法。二氧化碳气体保护焊可以根据其自动化水平被分类为半自动焊和自动焊。两者之间的主要差异在于焊接热源的移动方式：半自动焊依赖于手动移动热源，而自动焊则是在机械移动的过程中完成，其他方面基本保持一致。

（一）二氧化碳气体保护焊特点

（1）二氧化碳气体保护焊具有以下优势：焊接时的电流密度较高，电弧的使用效率也相当高；焊丝的连续供应和焊接完成后，不需要进行清渣处理；生产效率相当高。CO_2 气体的成本相对较低，而二氧化碳气体保护焊的电力消耗也较少，这使得其成本更为经济；由于电弧产生的热量高度集中，焊接部件的受热区域较小，并且 CO_2 气体具有冷却功能，因此焊接时的变形和应力都相对较小，这使得它非常适合用于薄板的焊接工作；焊缝中的氢含量相对较低，具有良好的抗裂能力，接头的应力也较小，从而保证了焊缝的高质量；在焊接过程中，电弧和熔池的观察变得容易，操作流程简洁，并且容易达到机械化和自动化的标准。

（2）二氧化碳气体保护焊存在的问题包括：飞溅过多，表面形态不佳，弧光强烈,其强度是焊条电弧焊的 $2\sim3$ 倍;使用交流电源进行焊接是困难的,而且焊接设备也相当复杂;其对风的抵抗力较弱,不能在风吹过的地方进行焊接,也不能焊接容易氧化的有色金属。

(二)二氧化碳气体保护焊应用范围

目前二氧化碳气体保护焊主要用于低碳钢和低合金钢等金属材料的焊接,不仅适合薄板焊接,也能用于中、厚板的焊接,同时可进行全位置焊,是制造行业的主要焊接方法之一。

(三)二氧化碳气体保护焊的熔滴过渡

在二氧化碳气体保护焊技术中,熔滴过渡主要分为两大类:滴状过渡和短路过渡。因为滴状的过度飞溅和工艺流程的不稳定性,所以在生产过程中很少被使用。在使用短路过渡二氧化碳气体保护焊的过程中,由于焊丝的细度、低电压和小电流,以及短路和燃弧过程的交替,母材的熔深主要取决于燃弧期电弧的能量。因此,通过调整燃弧时间,可以有效地控制母材的熔深,从而更容易实现薄板或全位置的焊接。

(四)二氧化碳气体保护焊的气孔

焊缝中气孔的产生主要是由于熔池金属中存在大量的气体,这些气体在熔池凝固过程中并未完全释放,从而导致气孔的形成。在二氧化碳气体保护焊的过程中,熔池的表面并没有熔渣的覆盖,而 CO_2 气体则起到了冷却的功能,这导致熔池的凝固速度加快,从而在焊缝中容易形成气孔。

(1)一氧化碳的气孔形成:在熔池结晶过程中,熔池内的碳与 FeO 发生反应,生成的 CO 气体未能及时排出,导致气孔的形成。

(2)氢气孔:电弧区域的氢主要来源于焊丝、焊件表面的油污和铁锈,以及二氧化碳保护气体中的水分。

(3)氮气孔产生的主要原因是保护气层受到了损害,导致大量的空气进入焊接区域,例如喷嘴被堵塞、CO_2 的流量减少、存在侧风等情况。

三、二氧化碳气体保护焊焊接参数

CO_2 气体保护电弧焊的焊接参数与熔化极惰性气体保护电弧焊的

参数基本一致。在进行短路过渡焊接的过程中,焊接回路内仍然存在短路电流的峰值以及短路电流的上升速率这两个动态变量。这两项参数可以通过调整额外的电感来达成。在自由过渡的过程中,如果电感失效,可以考虑取消它。

二氧化碳气体保护焊涉及的焊接参数包括电源的极性、焊丝的直径、电弧电压、焊接电流、气体的流量、焊接的速度、焊丝的伸出长度以及直流回路的电感等。

(一)电源极性

二氧化碳气体保护焊焊接一般材料时,采用直流反接;在进行高速焊接堆焊和铸铁补焊时,应采用直流正接。

(二)焊接电流和电弧电压

在进行短路过渡焊接的过程中,焊接电流与电弧电压始终呈现出周期性的波动。在电流表和电压表上显示的数据代表焊接电流和电弧电压的实际数值,而非瞬时数值。具有特定直径的焊丝在一定范围内可以调节电流。

当使用短路过渡焊接技术时,在特定的焊丝直径和焊接电流条件下,如果电弧电压太低,金属过桥将难以断开,从而容易导致固态焊丝进入熔池;当电弧电压过高时,它会从短路过渡转变为上挑排斥过渡,导致飞溅增加;这两个因素都导致了焊接过程的不稳定性。仅当电弧电压与焊接电流达到相对匹配的水平(电压范围为 $18\sim24\,\mathrm{V}$,电流范围为 $80\sim180\mathrm{A}$)时,才能实现稳定的短路过渡阶段。

焊接过程中,电流和电弧电压被认为是至关重要的焊接参数。为了确保焊缝的良好形态、减少飞溅并降低焊接缺陷,电弧电压与焊接电流需要进行有效的匹配。

(三)焊丝直径和伸出长度

在短路过渡焊接过程中,主要使用的是细焊丝,尤其是那些直径在 $0.8\sim1.2\mathrm{mm}$ 之间的焊丝。在实际操作中,焊丝的最大直径可以达到 $1.6\mathrm{mm}$。当焊丝的直径逐渐扩大时,飞溅的颗粒及其数量也会随之上升。

鉴于短路过渡电弧焊使用的焊丝都相对较细,因此在焊丝的伸出长度上产生的电阻热是一个不能被忽视的重要因素。当焊丝的伸出长度过长时,焊丝容易因过热而断裂,同时喷嘴到焊件的距离也会增加,这会导致保护效能下降,飞溅现象加剧,焊接过程变得不稳定。如果焊丝的伸出长度太短,喷嘴到焊件的距离会缩短,这可能导致飞溅的金属堵塞喷嘴。通常情况下,焊丝的伸出长度约为焊丝直径的 10 倍。

(四)气体流量

通常细丝 CO_2 焊气体流量约为 $5\sim15L/min$;粗丝 CO_2 焊气体流量约 $15\sim25L/min$。

四、二氧化碳气体保护焊操作技术

(一)引弧、收弧及接头操作

(1)进行引弧操作。在进行引弧操作之前,首先需要将焊丝的端头剪掉,这是因为焊丝端头通常具有上一次焊接时形成的较大的球形直径和氧化层,这容易导致飞溅,从而产生缺陷。引弧的姿态应当与正规焊接保持一致,其中焊丝的端部与焊接部件的表面之间的距离应为 $2\sim3mm$。当进行引弧操作时,焊丝与焊件之间的接触会产生反弹力,这时候焊工应该紧紧抓住焊枪,保持一定的距离。在进行重要产品的焊接过程中,为确保焊接的高质量,可以选择使用引弧板。

(2)结束弧线。在焊接完成之前,必须进行收弧操作,如果收弧不恰当,可能会导致弧坑裂纹、气孔等缺陷的产生。关键的产品可以选择使用引出板。在进行收弧操作时,特别需要注意避免焊条电弧焊的常规动作,即在灭弧后迅速抬起焊枪,CO_2 焊在收弧后需要停留几秒钟以保持供气,然后熔池凝固后再离开。

(3)连接部位。焊接过程中,接头是不可避免的环节,而接头的品质是由其操作方式所决定的,接下来我们将介绍两种不同的接头技术。在第一种无摆动焊接方法中,可以在弧坑前方 20mm 的位置启动电弧,迅速地将电弧导向弧坑。当熔化的金属填满弧坑后,应立刻将电弧引导至前方,并开始正常的焊接操作。第二种焊接方法是使用摆动焊技术,在弧坑前方 20mm 的位置进行引弧,迅速地将电弧导向弧坑,当到达弧坑的中心时开始摆动并向前移动,同时增加摆动幅度,然后转入正常的焊接过程。

(二)二氧化碳气体保护焊平焊操作方法

(1)进行基础焊接。在调整了相关参数之后,对右侧的起焊点进行了引弧预热。当坡口底部形成了熔孔,焊枪开始向左进行焊接,并进行了轻微的横向摆动,在坡口的两侧稍作停留,然后在中间位置稍微加速,并持续向左方向移动。请确保熔孔的尺寸超过间隙的 $1\sim2mm$,如果熔孔尺寸过小,那么根部的熔合可能会出现问题;如果过大,植物的根部会变得更宽、更高,这可能导致烧穿和焊瘤的发生。在焊接过程中,务必密切关注坡口面的熔合状况,并在坡口两侧适当暂停电弧,以确保焊接材料和焊件能够良好地熔合。在焊接过程中,要确保电弧在坡口根部的 $2\sim3mm$ 位置持续燃烧,并确保底部焊道的厚度不会超过 4mm。

(2)采用填充焊接技术。在焊接之前,需要确保底部的飞溅被彻底清除,并将焊道磨平。在填充焊接的过程中,焊枪会进行锯齿状的摆动,这种摆动比基础焊接时要稍微大一些,以确保焊接的深度和焊道的平整性,同时也要有一些凹陷。焊道的最后一层与母材表面的距离为 $1\sim2mm$,务必确保坡口两侧的边缘不被熔化,这样在盖面时可以更精确地定位。

(3)进行盖面的焊接工作。与填充焊相比,焊枪的摆动范围稍微宽一些,需要密切关注坡口两侧的熔化状况,确保熔池的边界不会超出棱边 2mm,并在咬边时确保喷嘴的高度保持一致,同时在收弧过程中必须执行收弧动作。

(三)立焊和仰焊

立焊技术有两种不同的焊接方法,其中一种是从上至下进行焊接,这种方法不仅速度快,操作也相当便捷,而且焊缝表面平滑、美观;然而,由于熔深不深,接头的强度相对较低,因此它适合用于不需要强度的焊接部分。另外一种方法是从下往上进行焊接,这种焊接方式导致焊缝的熔深相对较大,虽然增强了面部高度,但其外观显得较为粗糙。在进行仰焊时,应选用细焊丝、低电流、低电压和短路过渡,以确保焊接过程的稳定性;与平焊或立焊时相比,CO_2 的气体流速略有增加;随着熔池的温度逐渐升高,铁水开始有流出的迹象,此时焊炬能够进行前后摆动,确保焊缝的外观保持平滑。

五、二氧化碳气体保护焊作业安全规定

(1)在进行二氧化碳气体保护焊的过程中,电弧的温度大约在 $6000\sim10000\,^{\circ}C$ 范围内,由于电弧的光辐射强度超过焊条电弧焊,因此有必要加强其防护措施。

(2)在进行二氧化碳气体保护焊的过程中,飞溅现象较为频繁,特别是在粗丝焊接(直径超过 1.6mm)时,更容易产生大颗粒的飞溅。因此,焊工需要配备全面的防护设备,以避免对人体造成灼伤。

(3)在焊接过程中,二氧化碳气体会在电弧高温条件下分解,生成对人体有害的一氧化碳气体。除此之外,焊接过程还会排放其他有害气体和烟尘。特别是在焊接容器内时,应加强通风,并使用能提供新鲜空气的特制面罩,同时容器外也应有人进行监护。

(4)二氧化碳气体预热器所需的电压不应超过 36V,其外壳的接地非常稳固,一旦工作完毕,应立刻断开电源和气源。

(5)当装有液态二氧化碳的气瓶受到外部热源的影响时,液体会迅速蒸发成气态,这会导致气瓶内部的压力增加,从而增加了发生爆炸的风险。为防止气瓶发生爆炸事故,应采取如防高温等安全预防措施。

(6)在进行大电流粗丝二氧化碳气体保护焊的过程中,必须确保焊枪的水冷系统不会因漏水而损坏绝缘材料,并在焊接把前安装防护挡板,以防止触电事故的发生。

六、药芯焊丝气体保护电弧焊

药芯焊丝气体保护电弧焊的核心工作机制与传统的熔化极气体保护

焊相似,它使用可熔化的药芯焊丝作为电极(通常是正极,也就是直流反接),而母材则作为另一个电极。保护气体的选择通常是纯 CO_2 或 CO_2+Ar 气体,但也存在使用自保护药芯焊丝进行电弧焊的情况。

与传统的熔化极气体保护焊相比,其显著的差异是焊丝内部填充了焊剂的混合物。在焊接过程中,焊剂材料、焊丝金属、母材金属和保护气体在电弧热的影响下发生了冶金互动,这导致了一层较薄的液态熔渣覆盖了熔滴和熔池,为熔化的金属提供了额外的保护。从本质上讲,这种焊接技术实际上是一种结合气渣进行保护的手段。

药芯焊丝电弧焊结合了焊条电弧焊与常规熔化极气体保护焊的各自优势。它的显著特性包括:利用气渣的联合防护,焊缝的形态美观,电弧的稳定性高,飞溅很少且粒子非常微小;焊丝的熔敷过程非常迅速,其熔敷的效率(大概在 85%~90% 之间)以及整体的生产效率都相当高(其生产效率是焊条电弧焊的 3~5 倍)。焊接各类钢材具有很强的适应性,可以通过调整焊剂的成分和比例来提供所需的焊缝金属化学成分。

药芯焊丝电弧焊不仅适用于半自动焊接,还可以应用于自动焊接,但它更多地被用于半自动焊接。通过结合不同种类的焊丝和保护气体,可以实现平焊、仰焊以及全位置焊的操作。相较于传统的熔化极气体保护焊,我们可以选择更短的焊丝延伸长度和更高的焊接电流。相较于焊条电弧焊,使用焊接角焊缝可以获得更大的焊脚尺寸,这种焊接技术通常适用于碳钢、低合金钢、不锈钢和铸铁的焊接。

在药芯焊丝的气体保护焊过程中,通常会选择使用纯 CO_2 气体或者 $Ar+25\%CO_2$ 气体作为主要的保护气体。

第六节　气体保护焊的危害和预防

一、气体保护焊的危害

在使用气体保护焊的过程中,存在一些潜在的风险因素。当其保护气体泄露时,除了可能导致人员窒息,还可能生成以下列出的有毒和有害物质。

(1)气体保护焊由于其高电流密度、高弧温和强烈的弧光,不仅会导致金属蒸发和氧化生成有害的金属粉尘,还会释放出温度相对较高的有害气体,例如臭氧、氮氧化物和一氧化碳等。举例来说,在氩弧焊过程中,电弧周围的空气因受热产生的臭氧和氮氧化物浓度是焊条电弧焊的 4～7 倍之多;二氧化碳气体保护焊过程中会释放出较高浓度的一氧化碳;金属的蒸发和氧化过程会产生有害的金属粉尘等物质,高温会导致金属焊接部位、焊条、污垢等的蒸发或燃烧,形成烟雾状的蒸气粉尘,从而导致中毒。

(2)电弧的温度范围大约是 6000～10000°C,在焊接过程中,焊工经常会受到如强光、红外线和紫外线等的辐射伤害。与焊条电弧焊相比,气体保护焊的弧光辐射强度更高。例如,在波长范围 233～290mm 的紫外线相对强度下,焊条电弧焊的强度为 0.06,而氩弧焊的强度为 1.0。高强度的紫外线辐射可能对焊工的皮肤、视力和工作制服造成伤害。

(3)氩弧焊所用的钨极材料中的稀有金属具有放射性,特别是在修整电极的过程中,会产生放射性粉尘,这会导致接触增多,从而容易引发各种焊工的疾病。

(4)氩弧焊使用高频振荡器进行引弧。在引弧过程中,高频振荡器会产生电磁辐射,而钍钨极的放射性成分可能对操作人员造成伤害。与之接触较多的焊工可能会出现头晕、乏力、心跳加速等反应。

(5)由焊接产生的火花导致的燃烧和爆炸事故,以及由焊接火焰或焊件造成的烧伤和烫伤事故。

二、危害的预防

气体保护焊的目标是预防各种可能的事故,包括但不限于触电、火灾、爆炸、金属飞溅以及机械性伤害等;其次,我们需要采取措施预防职业病带来的风险,如防尘、防毒、避免射线和降低噪音等。

（1）在焊机内部，如接触器、断电器等关键工作部件，以及焊枪夹头的紧固力和喷嘴的绝缘特性等，都需要进行定期的检验。

（2）在工作场所，必须配备高效的通风系统，以确保有害气体和烟尘能够被有效排放。在气体保护焊的焊接过程中，只需实施适当的保护措施，就可以确保焊工只会吸入少量的烟尘和有害气体。利用人体的排毒和排出功能，可以将有害物质降至最低，进而预防焊接产生的烟尘和有害气体的中毒事件。

（3）在使用焊机之前，必须对供气和供水系统进行检查，并确保焊机不在有漏水或漏气的环境中工作。

（4）在进行大电流熔化极气体保护焊接的过程中，必须确保焊枪的水冷系统不会因漏水而损坏绝缘材料，并在焊接把的前方安装防护挡板，以防止触电事故的发生。

（5）在移动焊机的过程中，应当移除机器内部容易损坏的电子部件，并进行独立搬运。

（6）在焊接或切割受压容器、密封容器、油桶、管道或沾有可燃气体和溶液的工件时，应首先消除容器和管道内的压力，清除可燃气体和溶液，然后清洗有毒、有害、易燃物质。在容器的焊接过程中，必须采纳措施以避免触电、中毒或窒息的风险。焊接和切割密封容器时，应确保有出气孔，并在必要的情况下，在进出气口安装通风装置，以防止中毒或爆炸事件。

（7）由于在惰性气体保护焊过程中会产生大量的火花飞溅和强烈的弧光辐射，焊工的工作服上不应包含合成纤维、尼龙和贝纶等成分。由于这些材料在受热时会转变为类似高温下焦油的黏糊糊物质，这可能导致焊工的皮肤遭受大范围的烧伤。这一规定不仅适用于工作制服，也同样适用于焊工穿着的内衣和袜子。在必要的情况下，他们应该穿上皮围裙进行保护，并佩戴能覆盖鞋口的护脚套。

（8）在进行作业的过程中，务必佩戴皮手套和防护面罩，这些防护面罩应由具有防飞溅功能的玻璃制成，严禁使用塑料制成的面罩。

(9)在现场使用气瓶时,必须确保其垂直稳固,以避免其意外倾倒。气瓶应避免靠近热源,特别是在露天环境下,尤其是在夏季,需要采取遮阳和其他降温措施,以防止气瓶因超压而爆炸,并应严格遵循《气瓶安全监察规程》中的相关条款。

(10)在使用熔化极气体保护焊的过程中,还需要仔细检查供水系统中不允许泄露的部分。在进行大电流熔化极气体保护焊的过程中,应当在焊把前方安装防护挡板,以防止焊枪的水冷系统出现漏水现象,从而破坏绝缘材料并导致触电事故。

(11)使用防护面罩可以避免焊接区域释放的烟雾进入人体的呼吸系统。这款防护面具可以通过下巴的移动来进行开关操作,不能承受过重物体施加的压力,并且面罩上禁止装配金属部件。

第七章　电阻焊

第一节　电阻焊实质、分类及特点

一、电阻焊的实质

(一)热效率高

电弧焊是利用外部热源,从外部向焊件传导热能,而电阻焊是一种内部热源,因此,热能损失比较少,热效率较高。

(二)焊缝致密

一般电弧焊的焊缝是在常压下凝固结晶的,而电阻焊的焊缝是在外界压力作用下结晶,具有锻压的特性,所以可避免产生缩孔、疏松和裂纹等缺陷,能获得致密的焊缝。

二、电阻焊分类及特点

在交流焊过程中,所采用的焊接电流的频率范围是:低频介于 $3\sim10Hz$ 之间,工频则是 $50Hz$(或 $60Hz$),而高频则在 $10\sim500kHz$ 之间。在实际操作中,我们常常用"工频交流点焊""直流冲击波缝焊""电容储能对焊""高频对接缝焊"和"直流点焊"(也被称为次级整流点焊)来完整地称呼某种电阻焊技术。

三、电阻焊的特点

(一)电阻焊的优点

(1)在进行电阻电焊时,如果焊接速度快且生产效率高,通用点焊机每分钟可以焊接 60 个点,而使用快速电焊机则可以每分钟焊接超过 500 个点;对于直径为 40mm 的棒材,每分钟都可以焊接一个接头;当薄板的缝焊厚度在 1～3mm 范围内时,通常的焊接速率是 0.5～1m/min;在滚对焊过程中,最大的焊接速率可以达到 60m/min。因此,电阻焊接技术非常适用于大规模生产,并且可以与其他生产流程一同整合到组装生产线上。

(2)对于焊接接头而言,由于其焊接变形较小且质量上乘,并且其金属处理过程简便,不容易受到空气的不良影响,因此焊接接头的化学组成是均匀的,并且与原材料的化学成分高度一致。观察其整体构造,由于热量高度集中,其受热的区域较小,受到的热影响也相对有限,因此焊接时的变形并不显著,并且控制起来相对简单。另外,在进行点和缝的焊接过程中,由于焊点位于焊件的内部,使得焊缝的表面显得非常平滑,因此焊接完成后通常无需进行校正或热处理,从而保证了焊件的表面质量相对较高。

(3)电阻焊的成本相对较低,因为它不需要使用焊丝、焊条或其他填充材料,也无需额外的保护气体和焊剂,只需消耗必要的电力,这样就能有效地节约材料,因此焊接的总成本也相对较低。

(4)该设备的操作流程简洁,具有高度的机械化和自动化特点。在劳动环境较为优越的电阻焊过程中,它既不会释放有害气体,也不会产生强烈的阳光辐射,因此工作环境相对优越。另外,电阻焊的焊接流程相对简洁,非常适合于机械化和自动化操作,从而降低了工人的工作强度。

(二)电阻焊的缺点

(1)在电阻焊焊接过程中,由于工艺条件的不稳定性,很难找到一种可靠且易于操作的检测手段,导致焊接速度极快,并且在这种情况下,通常无法及时进行调整以确保焊接过程的稳定性;目前,在电阻焊接完成后,我们还没有一个可靠的无损检测手段,焊接的质量主要依赖于样品的损坏测试和各种监测技术来确保。因此,当在关键的承力结构中采用电阻焊技术时,必须行事谨慎。

（2）在力学性能相对较差的电阻焊中,常用的搭接接头在抗拉强度和疲劳强度上都不如对接接头。

（3）由于电阻焊设备具有较高的功率和更高的机械化与自动化水平,这导致设备的投资成本增加和维护难度加大,因此其价格相对于其他类型的焊机来说更为昂贵。高功率的焊机(功率可达1000kW)在电网中的负荷较大,这对电网的稳定运行产生了负面效果。

（4）焊接部件的厚度、形态和连接方式都受到了某种程度的制约。例如,点焊和缝焊主要适用于薄板的搭接接头。如果焊接厚度过大,会受到设备功率的制约,而搭接接头则可能导致材料消耗增加和承载能力下降;焊接主要针对断面紧凑的对接接头,但对于薄板部件的焊接则相对复杂,其形态受到了设备性能的制约。电阻焊主要适用于较薄的部件,但如果焊件的厚度过大,则会受到设备功率的制约;与其他焊接技术相比,焊件的形态缺乏足够的灵活性。

四、电阻焊的应用

电阻焊技术诞生于19世纪的尾声,伴随着航空航天、电子科技、汽车制造和家用电器等多个工业领域的快速发展,电阻焊的重要性日益凸显。尽管电阻焊焊件的接头设计受到了某些约束,但用于电阻焊的各种结构和部件依然非常普遍。比如说,飞机的机身、汽车的车身、自行车的钢圈、锅炉的钢管接头、轮船的锚链、洗衣机和电冰箱的外壳等。电阻焊可以使用的材料种类繁多,不仅适用于焊接碳素钢和低合金刚,还能用于焊接铝、铜以及其他有色金属和它们的合金。

第二节　电阻焊的基本原理

一、电阻热的产生

电阻焊的热源是电流通过焊件及其接触处产生的电阻热,其总热量

Q 由下式确定：

$$Q = I^2 R t$$

式中，Q 为总热量；I 为焊接电流；R 为两电极之间的电阻；t 为焊接时间。公式表明，电阻热由焊接电流、两电极之间的电阻和通电时间决定。其中两电极之间的电阻因焊接方法的不同而不同。

二、影响电阻热的因素

(一)电阻的影响

焊接区的总电阻 R 是由焊件自身的电阻 Rw、焊件的间接触电阻 R 以及焊件与电极之间的电阻 Rw 的总和构成的。

(1)焊接部件自身的电阻 R。在焊件的厚度和电极固定的情况下，焊件的电阻 Rw 是由其电阻率所决定的。电阻率较高的金属（例如不锈钢）具有较差的导热性，而电阻率较低的金属（如铝合金）则具有较好的导热性并容易散热。因此，前一种方法可以使用较低的电流（几千安）进行焊接，而后一种方法则需要使用较高的电流（几万安）进行焊接。

电阻率的变化不仅与金属的种类有关，还受到温度的影响。随温度逐渐上升，电阻率也随之增加，特别是在金属融化时，其电阻率是融化前的 1～2 倍。

在焊接过程中，随温度上升，除了电阻率的增加导致 Rw 上升之外，金属的压溃强度下降也会增加焊件与焊件、焊件与电极之间的接触面积，从而导致 Rw 的减少。在点焊低碳钢的过程中，受到上述两个互相冲突的因素的作用，初始加热阶段的 Rw 逐步上升，但当熔核开始形成时，Rw 又开始逐步下降。

(2)焊件间接触电阻 R。电阻 R。是由以下几方面原因形成的：

①焊件和电极间有高电阻率的氧化膜或污物层，使电流受到较大阻碍。过厚的氧化膜或污物层甚至使电流不能导通。

②焊件表面的微观不平度使焊件只能在粗糙表面的局部形成接触点，并在接触点形成电流的集中，由于电流的通路减小而增加了接触处的

电阻 R。

（3）焊件与电极间电阻 Rw 与 R。相比，由于铜合金电阻率比一般焊件低，因此 Rew 比 R。更小，对熔核的形成影响也更小。

(二)焊接电流的影响

相较于电阻和通电时间对电阻热的作用，电流对电阻热的作用更为显著。因此，在进行点焊操作时，焊接电流的幅度必须受到严格的监控。在焊接过程中，电网电压的波动和交流焊机的二次回路阻抗变动是导致电流波动的关键因素。阻抗的变动可能是由于二次回路的几何形状发生了改变，或者是由于在二次回路中加入了不同数量的磁性金属导致的。在直流焊机中，二次回路的阻抗变动对焊接电流的影响并不显著。

另外，加热过程中电流密度也起到了明显的作用。通过对焊点进行分流处理、扩大电极的接触面积或在凸焊过程中调整凸点的大小，这些措施都可能导致电流密度和电阻热的减少，进而明显降低焊接接头的强度。

(三)通电时间的影响

为了确保熔核的尺寸和焊点的强度，焊接电流和通电时间可以在一定的范围内相互补足。为了实现特定强度的焊接点，可以选择使用高电流和短时间（按照强规范）进行焊接，或者选择小电流和长时间（按照弱规范）进行焊接。选择哪种焊接标准取决于金属的特性、焊接部分的厚度以及焊接机器的功率表现。然而，不同的焊件性能和厚度所需的焊接电流和通电时间都有一个上限和下限，一旦超过这个界限，就无法形成合格的焊接接头。

(四)电极压力的影响

两个电极之间的总电阻 R 受到电极压力的明显影响。随着电极的压力逐渐增大，R 值明显下降，尽管此时的焊接电流稍有上升，但这并不能中和因 R 下降导致的热量减少。因此，随着电极压力的逐渐增大，焊点的强度持续下降。在提高电极的压力时，同时增加焊接电流或延长通电的时间，可以补偿电阻减少对产热的影响，确保焊接点的强度保持不变。运用这一焊接技术有助于增强焊接点的强度稳定性。

(五)电极端面形状及材料的影响

由于电极端面尺寸决定电极和焊件的接触面积,从而决定电流密度的大小,故电极材料的电阻率和导热性与产热和散热有密切关系,电极材料和端面形状对熔核的形成有较大的影响。随着电极端部的变形与磨损,电极与焊件的接触面积将增大,使电流密度变小,焊点强度将下降。

(六)焊件表面状况的影响

焊接部件表面的氧化层、油渍和其他的杂质都可能导致接触电阻的增加,而过厚的氧化层可能会阻碍焊接电流的流通。如果接触界面仅在局部区域导通,这将导致电流密度过高,进而可能引发飞溅或焊接件表面的烧损。不均匀的焊件表面氧化膜会导致各个焊点的加热不均匀,进而对焊点的品质产生不良影响。因此,在焊接之前,务必仔细地清洁焊接部件的外层。

三、热平衡及温度分布

(一)热平衡

在点焊过程中,焊件产生的部分热量被用于加热焊接区的金属以形成熔核,而另一部分则用于进行补偿焊接过程中的动态热平衡是由向周边物质传递和辐射导致的热量损失所形成的。它的动态热平衡公式是:$Q = Q1$ 和 $Q2$ 在这个公式里,Q 代表的是整体的热量;$Q1$ 代表形成熔核所需的有效热能;$Q2$ 代表损失的热能,这包括从电极散发的热量和向焊接区域附近散发的热量。

有效热量 $Q1$ 在总热量中的占比为 $10\%\sim30\%$,而像铝、铜这样具有良好导热性的金属大约只占 10%,而导热性稍逊的低碳钢的占比则稍微高一点。随着金属材料的热导率的变化,向焊点附近的金属传递的热量损失也会有所不同,通常大约占到总热量的 20%。向电极传递的热量损失通常占到总热量的 $30\%\sim50\%$,这是热量损失最为严重的部分。

(二)温度分布

焊接区域内的温度分布是热量生成和热量散发的综合效应。在焊接过程中,轴向的温度梯度相对较大,焊接区的中心位置通常是最高温度。由于焊件之间的接触面电阻较大,电流高度集中,密度也较大,并且远离电极,因此散热条件最为不佳。当该区域的温度超过被焊接金属的熔点 Tm 时,就会形成熔化核心。在熔核的中心,对金属进行了强烈的熔化搅拌,确保熔核的温度和成分都达到了均匀状态。通常情况下,熔核的温度比金属的熔点 Tm 要高出 300～500K。由于电极的散热效应,熔核在轴向的生长速度低于其径向生长速度,因此它呈现出椭球形的形态。焊接部件与电极接触的表面温度一般不会超出(0.4～0.6)Tm 的范围。

四、焊接循环

在电阻焊的过程中,加压和通电是关键的步骤,而不同的加压和通电时长、电极的压力和电流的强度以及它们的变化模式,共同组成了各种焊接的循环模式。点焊与凸焊的焊接过程主要包括预压、通电加热、维持以及休止这四个核心步骤。

(1)在预压时间 t1 中,从电极启动到焊接电流完全接通的这段期间,目的是为了确保电极在通电之前能够紧密地压住焊件,从而实现焊件间的紧密接触。

(2)通电加热的时间是 t2 焊接电流经过焊件并形成熔核的时刻。

(3)在 t3 焊接电流被切断后,电极的压力维持了一段时间,在这段时间里,熔核开始冷却并形成结晶。

(4)在 t4 的休止时间中,从电极开始上升到电极再次下降,这段时间是为了在接下来的焊接点对焊件进行压紧。只在焊接循环需要重复执行的情况下,休止时间才是合适的。

只有当电极的压力满足预定标准时,才可以进行通电焊接,否则过低的压力可能导致飞溅现象。在焊接电流被切断后,电极的提升操作必须立即进行,否则可能会在电极之间产生火花,从而导致电极受损和焊件被烧穿。

为了优化接头的工作性能,有时会在基础循环中加入以下列出的一项或多项：

①加大预压力，以消除厚焊件之间的间隙，使焊件能紧密接触。

②用预热脉冲电流提高金属的塑性，使焊件之间紧密贴合，防止飞溅。凸焊时这样做可以使多个凸点的焊件在通电前与电极平衡接触，以保证各点加热的一致性。

③加大锻压力，使熔核致密，防止产生裂纹和缩孔等缺陷。

④用回火或缓冷脉冲电流消除合金钢的淬火组织，提高接头的力学性能。

五、金属材料电阻焊的焊接性

影响金属电阻焊焊接性的主要因素是材料的物理和力学性能。

(一)材料的导电性和导热性

一个普遍的观点是，具有良好导电性的材料也有很好的导热能力。当材料的导电性和导热性更佳时，焊接区域产生的热量会减少，而散失的热量会增加，这使得焊接区的加热变得更为困难。因此，具有良好导电性和导热性的材料在电阻焊焊接时表现不佳，焊接这些材料时，使用高功率的焊接机是必要的。

(二)材料的塑性温度范围

塑性温度范围较小的金属（例如铝合金），对焊接参数的波动非常敏感，焊接性差。焊接时要使用能精确控制焊接参数的焊机，同时要求电极的随动性要好。

(三)材料的高温强度

高温($0.5Tm \sim 0.7Tm$)下的屈服强度 $\sigma_{0.2}$ 大的金属，点焊时易产生裂纹、缩孔、飞溅等缺陷，焊接性较差。焊接时需使用较大的电极压力，有时还需在断点后施加大的锻压力。

(四)材料对热循环的敏感性

在焊接的热循环过程中，倾向于淬火的金属容易形成淬硬的结构和冷裂纹；与容易熔化的杂质形成低熔点共晶物的合金相比，这种合金更容易出现结晶裂纹；而经过冷作强化处理的金属则更容易形成软化区域，其焊接性能也相对较差。在焊接过程中，为了避免这些缺陷的出现，我们必须实施适当的工艺手段。另外，那些熔点较高、线性膨胀系数较大且容易形成致密氧化膜的金属，其焊接性能通常不是很好。

第三节　电阻焊工艺方法与应用

一、点焊

点焊是在电极压力的作用下，通过电阻热加热熔化金属，断电后在压力下结晶而形成焊点的工艺方法。每焊接一个焊点称作一个点焊循环。

(一)点焊接头形成过程

点焊的整个过程可以被划分为三个相互关联的步骤：预压、通电加热和锻压。

(1)预压阶段指的是在通电之前进行的加压预压过程。预压技术的主要目标是确保焊接部件之间的紧密结合，并在接触面的凸部产生塑性变化，从而破坏表面的氧化层，确保接触电阻的稳定性。如果预压不足，接触可能只会出现少数的凸点，这会导致较高的接触电阻和电阻热，使得接触部位的金属迅速融化，并以火花飞溅，极端情况下可能会损坏焊接部件或电极。在焊件具有较厚的厚度、较高的结构刚性或表面质量不佳的情况下，为了确保焊件能够紧密接触并稳定焊接区的电阻，可以在预压力阶段增加或施加额外的电流。在这种情况下，预压力通常是正常压力的0.5～1.5倍，而辅助电流则是焊接电流的1/4～1/2。

(2)在通电加热的过程中，当预先施加的压力让焊件紧密结合时，就可以开始通电焊接。在焊接参数设置正确的情况下，金属会从电极的夹持位置开始在两个焊接部件的接触面上熔化，并逐渐扩大，最终逐渐形成熔核。在电极的压力影响下，熔核发生结晶（即断电），结晶完成后，它在两个焊接部件之间形成了稳固的连接。

（3）在锻压过程中,这一阶段也被称作冷却结晶时期。在熔核达到适当的形态和大小之后,中断焊接的电流,并在电极的压力影响下使熔核冷却形成结晶。熔核结晶过程是在一个封闭的金属膜中完成的。在结晶过程中,金属不能自行收缩,但通过电极的挤压作用,正在结晶的金属会变得更加紧密,从而避免了缩孔和裂纹的产生。因此,只有在焊接电流完全断开并且熔核金属完全结晶之后,电极的压力才能终止其功能。板材的厚度应在 1～8mm 之间,而锻压的持续时间应控制在 0.1～2.5s 之间。

以上描述的是焊点生成的标准流程,在实际的生产活动中,基于不同的材质、构造和焊接的质量标准,经常会采纳某些特定的技术手段。例如,对于热裂纹倾向较大的材料,可以采用附加冷脉冲的点焊工艺,这样可以降低熔核的凝固速度;在焊接调质材料时,可以在两个电极之间进行焊接后的热处理,这有助于减少由于加速加热和冷却导致的脆弱结构;在进行加压操作时,可以选择使用马鞍形、阶梯形或多次阶梯形等电极压力循环方式,以适应不同质量标准的零件焊接需求。

（二）点焊接头设计

点焊通常采用搭接接头和折边接头。

①焊点与焊件的边缘之间的距离不应太短。边距的最小值是由被焊接的金属种类、焊件的厚度和焊接规范决定的,对于屈服强度较高的金属、薄板或使用强规范焊接时,可以选择较小的值。

②点焊的搭接量应当是充足的,通常可以选择的搭接量是边距的两倍。

③为了控制分流,我们需要适当的点间距,这个间距的最小值与焊接部分的厚度、金属的导电能力、表面的清洁度和熔核的直径都有关系。

④组装时的间隙必须尽量缩小。依赖压力来消除间隙会消耗部分电极的压力,从而导致实际电极压力的下降。另外,电极需要能够轻松地到达焊接的位置,这意味着电极的可达性必须是良好的。

（三）点焊方法与工艺

（1）点焊方法点焊通常按电极馈电方向在一个点焊循环中所能形成

的焊点数分类。

①采用双面单点焊接技术。两个电极分别从焊件的上方和下方靠近焊件进行了焊接操作。这一焊接技术可以为焊件提供充足的电极压力，使得焊接电流主要集中在焊接区，这有助于缩小焊件的受热区域并提升接头的品质，因此应被优先考虑。

②采用单面的双点焊技术。两个电极位于焊接部件的一侧，能够同时形成两个焊接点。这一焊接方法不仅能提升生产效率，还能方便地处理那些尺寸庞大、形态复杂且难以进行双面单点焊接的焊接部件。此外，这也有助于确保焊接部分的表面是平滑的、平滑的，并且没有电极的压痕。然而，在这种焊接方法中，部分电流是直接通过焊件产生分流的。为了为焊接电流提供一个低电阻的通道，通常的做法是在焊件下方添加铜垫板，这样可以确保焊接电流在上下两个焊件之间均匀流动，避免熔核发生偏移。

③采用单面单点焊接方法。两个电极都位于焊件的一侧，而不产生焊点的电极则采用大直径和大接触面来降低电流密度，其主要功能是导电块。这一技术主要适用于那些不能使用双面单点焊接的建筑结构。

④采用双面双点焊技术。两个焊接的变压器各自为其上方和下方的成对电极提供电力。在焊接过程中，两台变压器的接线方向需要确保上下电极对齐，以防止极性发生反向变化。因此，上下两个变压器的二次电压被顺向地串联起来，构成了一个统一的焊接路径，在单次点焊的过程中，两个焊接点同时出现。

（2）点焊工艺。

①在焊接之前进行清洁。焊接部件表面的氧化层和油渍会对热量的释放、熔核的形成以及电极的使用寿命产生直接的影响，因此焊接前的清洁工作是必要的。

焊接前的清洁方法包括机械清洁和化学清洁，清洁完成后应在规定期限内完成焊接工作。

②选择点焊的工艺参数。通常，我们会根据工件的材质和厚度来选

择,并参照该材料的焊接条件表进行选择。首先,我们需要明确电极的端部形态和大小;接下来,我们初步确定了电极的压力和焊接所需的时间;接着,我们调整了焊接的电流,并用不同的电流对试样进行焊接;在确保熔核直径满足规定标准之后,我们可以在合适的区间内调整电极的压力、焊接的时长以及电流的大小;需要对试样进行焊接和检查,直到焊接点的质量完全满足技术规定的标准。

(四)点焊机

固定式点焊机是由机架、加压机构、焊接回路、电极、传动机构和开关及调节装置所组成。

(五)点焊的应用

点焊技术被广泛应用于如汽车驾驶舱、金属车厢的复合板以及家具等低碳钢材的焊接工作中。在航空产业中,这些部件主要用于连接飞机、发电机、火箭和导弹,它们是由合金钢、不锈钢、铝合金和钛合金等多种材料构成的。

点焊技术有时也被应用于连接厚度高达6mm或更厚的金属板。然而,与熔焊对接接头相比,这种接头的承载能力相对较低,搭接接头不仅增加了构件的重量和成本,还需要使用昂贵的特殊焊机,因此其经济效益并不理想。

二、凸焊

凸焊是一种电阻焊技术,它首先在一个焊件的接触面上制造一个或多个凸起点,使其与另一个焊件的表面接触,然后进行通电加热,接着将其压塌,从而使这些接触点形成焊点。凸焊焊件因其众多的优势,已经被广大领域所采纳和使用。凸焊技术主要应用于批量生产的仓口盖、筛网、管壳,以及T形、十字形、平板等部件的焊接工作。

(一)凸焊的特点及应用

凸焊与点焊相比还具有以下优点:

①在一个焊接周期中,可以同时对多个焊接点进行焊接。生产效率

不仅很高,同时也不会受到分流的影响。因此,焊点可以在狭窄的区域内布置,而不会受到点与点之间距离的制约。

②由于电流密度主要集中在凸点区域,具有较高的电流密度,因此可以使用较低的电流进行焊接操作,并能稳定地生成较小规模的熔核。在进行点焊操作时,要在特定的板厚上形成小于特定尺寸的熔核是相当具有挑战性的。

③凸点位置精确、大小统一,并且每个点的强度相对均衡。因此,在给定的强度条件下,凸焊焊点的尺寸有可能比点焊要小。

④由于使用了大面积的平面电极,并在一个工件上设置了凸点,这有助于最大程度地减少另一个工件外部表面的压痕。由于大平面电极具有较低的电流密度和优良的散热性能,其电极磨损程度远低于点焊方法,这也显著减少了电极维护和修理的成本。

⑤相较于点焊技术,工件表面上的油、锈、氧化层、镀层以及其他各种涂层对凸焊过程的影响相对较小,尽管如此,干净的工件表面依然能够保持相对稳定的质量。凸焊技术的局限性在于它需要进行额外的凸焊工序,并且电极设计相对复杂。由于需要一次性焊接多个焊点,因此必须使用具有高电极压力和高机械精度的高功率焊接设备。

凸焊技术主要应用于焊接低碳钢、低合金钢和低合金高强度钢的冲压部件,同时也适用于焊接奥氏体不锈钢和镀锌钢等材料,但对于铝、铜、镍等软金属则不太适用。这些金属由于缺乏足够的强度来维持其凸点的形态,导致在受到压力时凸点的破裂速度过快。除了板件的凸焊技术,我们还提供螺帽、螺钉等部件的凸焊、线材的交叉凸焊、管材的凸焊以及板材的T形凸焊等多种焊接方法。对于板件凸焊,0.5~4mm的厚度是最合适的。在焊接较薄的板材时,凸点的设计标准非常严格,需要一个反应迅速的焊接机器,因此,厚度不超过0.25mm的板材更适合使用点焊技术。

(二)凸焊的工艺参数和常用金属材料的凸焊

(1)凸点形状凸焊实际上是点焊过程中的一种特殊形态。半圆形与圆锥形的设计被广泛采用。圆锥形的凸点具有很高的刚度,这不仅可以防止凸点过早地被压垮,还能减少由于电流线过于集中而导致的飞溅现象。为了避免因压塌的凸点金属在加热效果不佳的区域内受到挤压,从而导致电流密度下降,我们也可以考虑使用带有溢出环形槽的凸点。

(2)凸焊的技术参数涵盖了电极的压力、焊接所需的时间以及焊接过程中的电流。当然,这些因素对于接头的质量产生的影响与点焊过程是类似的。

①电极所承受的压力。在凸焊过程中,电极的压力是由被焊接金属的特性、凸点的大小以及一次性焊接得到的凸点数目等因素所决定的。电极的压力必须足够大,以便在凸点达到焊接温度的情况下完全压碎,并确保两个工件能够紧密接触。当电极受到过大的压力时,它会过早地压碎凸点,从而失去凸焊的功能,并且由于电流密度的降低,接头的强度也会受到影响。如果压力太低,可能会导致严重的飞溅现象。

②焊接所需的时长为。在特定的工件材质和厚度条件下,焊接所需的时间是由焊接电流和凸点刚度共同决定的。在进行凸焊低碳钢和低合金钢的过程中,相对于电极的压力和焊接电流,焊接所需的时间显得较为次要。在确定了适当的电极压力和焊接电流之后,再适当调整焊接的时间,就能得到满意的焊接点。如果想要减少焊接所需的时间,就需要相应地增加焊接电流。然而,过度增加焊接电流可能会导致金属过热和飞溅现象,一般来说,凸焊的焊接时间会比点焊更长,而电流则会比点焊更小。

③焊接电流。相较于点焊同一焊点,凸焊过程中每一个焊点所需的电流明显减少。然而,在凸点被完全压碎之前,电流必须能够使凸点熔化,推荐的电流应该是在适当的电极压力下,不会挤出过多的金属的最大电流。在特定的凸点大小下,随着电流的逐渐增大,挤出的金属含量也相应上升。使用逐渐增加的调幅电流有助于降低挤出的金属。与点焊技术相似,焊接金属的性质和厚度依然是决定焊接电流选择的关键因素。

在进行多点凸焊的过程中,整体焊接电流大概是每一个凸点所需电流与凸点数量的乘积。然而,考虑到凸点的公差、工件的形状以及焊机次级回路的阻抗等多个因素,可能需要进行一些调整。

(三)凸焊机

凸焊与点焊相似,仅仅是电极不同,凸焊多采用平面电极。

三、缝焊

焊件装配成搭接或斜对接头并置于两滚轮电极之间,滚轮加压焊件并转动,连续或断续送电,形成一条连续焊缝的电阻焊方法,称为缝焊。缝焊的实质是用一对滚盘电极代替点焊的圆柱形电极,与工件作相对运动,从而产生一个个熔核相互搭叠的密封焊缝的焊接方法,故具有气密性和水密性。

(一)缝焊分类

按滚盘转动与馈电方式分,缝焊可分为连续缝焊、断续缝焊和步进缝焊。

(1)连续缝焊的滚盘持续旋转(焊件在两个焊轮之间不断地移动),导致电流源源不断地流过工件。这一方法容易导致工件表面温度过高,从而引发电极的严重磨损,因此很少被采用。然而,在进行高速缝焊的过程中(4~15m/min),50Hz的交流电每隔半周都会形成一个焊接点。当交流电完全耗尽时,它会进入一个休止状态,这与断续缝焊有相似之处,因此在制缸和制桶工业中得到了广泛应用。

(2)断续缝焊的滚盘持续旋转,电流在工件上断续流过,从而形成由相互重叠的熔核构成的焊缝。得益于电流的断续流动,滚盘和工件在休息时间内得到了冷却,这有助于延长滚盘的使用寿命、缩小热影响区的宽度以及减少工件的变形,从而实现更高的焊接品质。这一焊接技术已经在1.5mm以下的各类钢材、高温合金以及钛合金的缝隙焊接中得到了广泛的应用。在断续缝焊的过程中,由于滚盘持续离开焊接区域,熔核在压力降低的条件下会结晶,这极易导致表面过热、缩孔和裂纹的产生,特别是在焊接高温合金的情况下。虽然当焊接点的叠加量超出熔核长度的50%时,位于后一点的熔化金属能够填补前一点的缩孔,但最后一点的缩孔是不可避免的现象。然而,目前国内开发的微机控制箱能在焊缝的最后部分逐步减少焊接电流,从而解决了这个问题。

(3)当步进缝焊的滚盘进行断续旋转时,电流会在工件静止的状态下流过。由于金属的熔化和结晶过程都是在滚盘静止的情况下进行的,这有助于优化散热和压固的条件,从而更有效地提升焊接的质量并延长滚盘的使用寿命。这一焊接技术主要应用于铝和镁合金的缝焊过程中,特别适合高温合金的缝焊,并能显著提升焊接质量。然而,由于国内这类交流焊机的数量相对较少,因此尚未得到广泛应用。在焊接硬铝和厚度超过4mm的各类金属材料时,必须使用步进缝焊技术,以确保在形成每个焊点的过程中都能像点焊那样施加锻造压力,或者同时使用暖冷脉冲技术。然而,后一种场景很少被采用。

(二)缝焊工艺参数及对焊接质量的影响

缝焊接头的生成在本质上与点焊是一致的,因此,影响焊接质量的各种因素也具有相似性。焊接的主要参数包括焊接电流、电极的压力、焊接所需的时间、休息的时长、焊接的速率以及滚盘的直径和宽度等。

(1)焊接电流缝焊生成熔核所需的热量来源与点焊是一样的,都是通过电流经过焊接区电阻产生的热量。在其他特定条件下,熔核的焊透率和重叠量是由焊接电流的大小所决定的。当焊接低碳钢的时候,熔核的平均焊透率是钢板厚度的30%～70%,45%～50%是最理想的。为确保气密焊缝的质量,熔核的重叠度必须达到或超过15%。

在焊接电流超出特定阈值的情况下,持续增加电流只会导致熔核焊透率和重叠量的提升,而不会增加接头的强度,这种做法是不经济的。当电流过高时,可能会导致压痕加深和焊接缝被烧穿的问题。在缝焊过程中,熔核的重叠可能导致较大的电流分流,因此,与点焊相比,焊接电流通常会增加15%～40%。

(2)在进行电极压力缝焊的过程中,电极压力对熔核尺寸的作用与点焊技术是一致的。过高的电极压力会导致压痕加深,并可能导致滚盘更快地变形和损失;当压力不足时,容易出现缩孔现象,并且由于接触电阻过大,滚盘可能会烧损,从而减少其使用寿命。

(3)在缝焊过程中,熔核的尺寸主要是通过焊接时间来控制的,而重叠量则是通过冷却时间来控制的。当焊接速度相对较慢的情况下,焊接与休止时间的比例为(1.25~2):1,这样可以得到令人满意的效果;随着焊接速度的提升,焊接点之间的距离也随之扩大,为了得到具有相同重叠量的焊缝,这一比例的增加是不可或缺的。因此,在焊接速度较快的情况下,焊接时间与休止时间的比例应设置为3:1或更高。

(4)焊接的速度与被焊接的金属、板材的厚度,以及对焊缝的强度和品质的标准等因素息息相关。在焊接不锈钢、高温合金和有色金属的过程中,为确保焊缝的致密性并避免飞溅,通常需要选择较慢的焊接速率。在某些情况下,还会使用步进缝焊技术,确保熔核形成的整个过程都在滚盘停止时完成,这种焊接方法的速度远低于传统的断续缝焊技术。

焊接的速率直接决定了滚盘与板材之间的接触面积和滚盘与加热区域的接触时长,这进一步对接头的加热和散热产生了影响。随着焊接速度的提升,为了获取更多的热能,焊接电流的增加变得至关重要。焊接速度过快可能导致板件表面的烧损和电极的黏附,因此,即便使用外部水进行冷却,焊接的速度也会受到一定的限制。

(三)缝焊机

常用的缝焊机与点焊机相似,仅仅是电极不同而已。缝焊是以旋转的滚盘代替点焊时的圆柱形电极。

(四)缝焊的应用

缝焊广泛应用于油桶、罐头罐、暖气片、飞机和汽车油箱,以及喷气发动机、火箭、导弹中密封容器的薄板焊接。

四、对焊

对接电阻焊(简称对焊)是将工件装配成对接接头,使其端面紧密接触,利用电阻热加热到塑性状态,然后迅速施加顶锻力将两工件沿整个端面同时焊接起来的一类电阻焊方法。

(一)对焊的特点及应用

对焊技术具有高生产效率和易于自动化的特点,因此得到了广泛的应用。

(1)对于工件的接长,如带钢、型材、线材、钢筋、钢轨、锅炉钢管以及石油和天然气输送等,都需要进行相应的对焊处理。

(2)如汽车轮辋、自行车和摩托车轮圈的对焊,以及各类链环的对焊,都是环形工件的焊接方式。

(3)部件的焊接组合是通过简单的轧制、锻造、冲压或机械加工将其焊接为复杂部件,目的是为了减少生产成本。例如,汽车的方向轴外壳与后桥壳体之间的焊接,各类连杆和拉杆的焊接,还有特定部件的焊接等。

(4)通过对异种金属进行对焊,不仅可以节省宝贵的金属资源,还能显著提升产品的整体性能。例如,刀具的工作部分(高速钢)与尾部(中碳钢)进行对焊,内燃机排气阀的头部(耐热钢)与尾部(结构钢)进行对焊,以及铝铜导电接头的对焊等。

(二)对焊的方法

对焊按加压和通电方式的不同分为电阻对焊和闪光对焊两种。

(1)电阻对焊是一种焊接技术,它涉及将两个工件的端面始终紧密地压在一起,然后利用电阻的热效应将其加热到塑性状态,接着迅速地施加顶锻压力(或者在不施加顶锻压力的情况下仅维持焊接时的压力)以完成整个焊接过程。

(2)闪光对焊是一种焊接技术,它首先将工件正确组装,然后连接电源,使焊件的端面逐步靠近局部接触。接着,利用电阻热对这些接触点进行加热(产生闪光),使端面的金属熔化,直到端部在一定的深度范围内达到预热温度,然后迅速施加顶锻力来完成焊接。这类对焊技术在生产过程中占据主导地位,并被广泛采用。

(三)对焊接头的常见缺陷及防止

对焊接头常见缺陷有外形不正、宏观及显微缺陷等几类。

(1)如果外观设计不正确,那么焊接部件的强度会受到影响。导致这种缺陷出现的主要因素包括:焊件的原始状态不精确,焊件的装卡不正确,电极安装不稳固,焊机导轨间隙过大,机架的刚度不足,伸出长度控制不恰当,以及顶锻过程中的失稳等。另外,在焊接小直径焊件的过程中,如果焊机的二次电压设置得过高,电极与焊件之间的接触可能会出现问题,从而导致焊件的表面和形状受损。

(2)宏观缺陷主要是未焊透、夹渣、疏松及裂纹等。

①未焊透通常伴随着夹渣的出现,焊透区域会出现大量的氧化膜或链状杂质,这极大地削弱了接头的机械强度;此外,这种缺陷在无损检测中很难被检测到,因此它被视为一个相对高风险的缺陷。这种缺陷产生的核心原因在于:在顶锻之前的温度过低,导致接头部位难以产生塑性改变,从而难以排除氧化物的存在;由于顶部锻炼量不足,导致火口没有完全封闭;锻造的速度还不够快;过早的断电和母材金属中的非金属杂质等问题。

②当钢的液一固两相共存区存在大量夹杂物,并且焊接区相对较宽时,接头的强度会受到削弱。在顶锻过程中,液态金属很难完全排除,这会导致冷却后容易形成疏松的结构。为了避免此类缺点,我们应当减少加热区域的宽度并增加顶部锻造的压力。

③裂纹分为纵向和横向两类,这种缺陷带来的危害是巨大的。接头因淬硬而变得脆弱通常会导致横向裂纹的产生;纵向裂纹的形成主要是由于过热区域的宽度和大量的顶锻量,因此需要根据具体的生成原因进行预防。

(3)在显微缺陷中,我们可以观察到晶粒的粗大、非金属的存在以及微小的裂纹等特点。根据具体的原因,我们也应制定相应的预防措施。如果晶粒变得较粗,我们应该从加热的工艺参数来进行分析。在产生夹渣的情况下,应综合考虑顶锻工艺和材料的性能特点。

(四)对焊机

对焊机由机架、导向机构、活动夹具、固定夹具、送给机构、夹紧机构、顶座、焊接电源及控制系统等部分组成。

第八章　特种焊接

随着焊接技术和材料的持续进步,除了传统的焊条电弧焊、埋弧焊、气体保护焊、等离子弧焊、电阻焊等焊接技术外,还出现了一些独特的焊接手段。在大型装备制造行业中,对于特定厚度的焊接部件、高熔点且低塑性的材料焊接,以及金属和非金属之间的焊接,如果采用传统的焊接技术,很难确保焊接的高质量,甚至可能完全无法完成焊接任务。因此,我们有必要掌握一些特殊的焊接技术,这包括但不限于钎焊、高能密度焊接、电渣焊、摩擦焊、超声波焊以及扩散焊等。这些技术手段在确保焊接成品质量和提升生产效率方面都发挥了不可或缺的角色。

第一节　钎焊

钎焊这一技术已经拥有数千年的悠久历史,早在我国古代就有过钎焊的应用实例,到了公元 7 世纪唐代,锡钎焊和银钎焊已经被广泛用于焊接工作。然而,在漫长的历史进程中,钎焊技术并未获得显著的进步,直到近代,钎焊技术才真正实现了快速的发展。在机电、电子、仪表以及航空等多个工业领域,钎焊技术已经崭露头角,成为一种不可或缺的工艺手段。

一、钎焊的原理及特点

(一)钎焊的原理

钎焊技术是使用低于母材熔点的金属作为焊接材料,将焊接部件和钎料加热至高于或低于母材熔点的温度,然后使用液态钎料来润湿母材,填补接头的空隙,并与母材进行相互扩散,从而实现焊件的连接。

要实现高质量的钎焊接头,需要经历两个关键步骤:首先,液态钎料需要能够润湿钎焊的金属,并能紧密地填补所有钎缝;其次,液态钎料与钎焊金属之间需要进行特定的互动,以实现金属之间的良好结合。

(1)液态钎料的填充原理是,为了确保熔化的钎料能够顺利流入并填补接头的空隙,钎料需要满足两个关键条件:润湿和毛细。

①具有润湿的效果。在钎焊过程中,液态钎料对焊件的浸润和附着作用被称为润湿作用。通常情况下,液态钎料会被放置在接头位置,并对焊接部分和钎料进行加温处理;钎料开始融化,并逐渐进入到钎缝的缝隙中;钎料填充了整个钎缝的空隙,并在凝固之后形成了钎焊接头。

焊件的润湿能力越强,其对焊件金属的吸附能力也就越强,这使得液态钎料更容易在焊件表面展开,也意味着液态钎料能更顺利地填补缝隙。通常情况下,当钎料和焊件金属能够形成固溶体或化合物时,其润湿性能表现得更为出色。

②毛细效应。钎焊的间隙通常非常微小,与毛细管相似。钎料的流动是依赖于其在钎焊间隙中的毛细作用。在接头间隙中,熔化钎料的毛细作用越明显,其填充效果也就越出色。通常情况下,熔化的钎料对固态焊件的润湿效果良好,并且毛细作用也很强。毛细作用受到间隙大小的显著影响,间隙越小,毛细作用就越明显,从而使得填缝更为充分。然而,如果间隙太小,在钎焊过程中焊件的金属会因受热而膨胀,这反过来会增加填缝的难度。

在钎焊过程中,通常需要使用钎剂,其主要功能是去除钎料和母材表面的氧化物,同时确保焊件和液态钎料在焊接时不会氧化,从而增强液态钎料对焊件的润湿能力。

钎焊通常使用搭接接头,目的是通过增加搭接长度(通常是板厚的2~5倍)来提高接头的强度,但在实际生产中,通常是根据经验来确定的,不推荐搭接长度超过15mm。焊接部件间的组装缝隙非常微小,仅为极小的几个百分点到几个百分点,这样做是为了增加其毛细效果。

(2)液态钎料在填充焊件金属时,会与焊件金属产生物理和化学的相互作用。首先,固态焊件会溶解在液态钎料中,其次,液态钎料会向焊件扩散,这两个因素对钎焊接头的性能有着显著的影响。当这些物质因溶解和扩散而转化为固溶体时,其连接部位的强度和塑性均表现出色;当溶解和扩散导致它们生成化合物时,连接部位的塑性会受到影响。

(二)钎焊的特点

1.钎焊的优点

①钎焊加热温度低于焊件金属的熔点,所以钎焊时,钎料熔化而焊件不熔化,对焊件的组织和性能影响较小;

②焊接应力和变形小,尤其是对焊件采用整体均匀加热的钎焊方法;

③钎焊接头平整光滑,外观美观,往往用于焊接尺寸精度要求比较高的焊件,即适合于精密、复杂工件的焊接;

④可以一次完成几个或几十个零件的连接,生产率高;

⑤可以连接不同的金属以及金属与非金属,应用范围比较广泛。

2.钎焊的缺点

①钎焊接头强度较基本金属低,耐高温能力也差,装配要求比熔焊要高;

②钎焊的装配要求高,间隙一般要求在 $0.01 \sim 0.1 \text{mm}$ 之间;

③钎焊的接头形式以搭接为主,增加了结构重量。

二、钎焊方法

钎焊方法通常是以实现钎焊加热所使用的热源来命名的。钎焊方法种类很多,特别是近几年来,又陆续出现了不少新的钎焊方法,诸如红外线钎焊、激光钎焊、光束钎焊等。以下介绍目前生产中广泛采用的几种钎焊方法。

(一)烙铁钎焊

采用烙铁工作部分(即烙铁头)累积的热能来使钎料熔化,并对钎焊部位的基材进行加热,从而实现钎焊过程。

在进行烙铁钎焊的过程中,所选择的烙铁电功率必须与焊接部件的品质相匹配,这样才能确保所需的加热速率和钎焊的品质。由于需要手动操作,烙铁的重量不应过大,通常应控制在1kg以下,否则使用起来会很不方便。然而,这种情况限制了烙铁能够累积的热量,因此烙铁主要适用于钎料钎焊的薄件和小件,尤其是在电子和仪表等工业领域有着广泛的应用。

(二)火焰钎焊

采用可燃气体与氧气或压缩空气混合燃烧产生的火焰作为焊接过程中的热源。火焰钎焊设备不仅操作简便,而且可以根据工件的具体形状采用多种火焰进行同步加热焊接。这一焊接技术主要应用于合金钢、不锈钢、铜以及铜合金的薄壁和小型焊接部件,同时也适用于铝和铝合金,例如自行车架和铝制水壶嘴的焊接工作。

(三)浸渍钎焊

浸渍钎焊技术是一种通过将工件部分或整体浸入熔融的盐混合物(也称为盐态)或液态钎料中,从而达到加热和钎焊目的的方法。其主要优势在于焊丝的加热速度快,生产效率高,使用液态介质可以保护部件不受氧化,有时还能同时进行淬火和热处理,这使其非常适合大规模生产。浸渍钎焊技术可以被分类为盐浴钎焊或者是金属浴钎焊。

(四)电阻钎焊

电阻钎焊和电阻焊相似,它是依靠电流通过钎焊处由电阻产生的热量来加热工件和熔化钎料的。电阻钎焊加热快,生产率高,但是只能适用于焊接接头尺寸不大、形状不太复杂的工件。

(五)感应钎焊

感应钎焊时,零件的钎焊部分被置于交变磁场中,这部分母材的加热是通过它在交变磁场中产生的感应电流的电阻热来实现的。

(六)炉中钎焊

在炉内对已装配好钎料的工件进行加热焊接时,通常需要添加钎剂,但也可以选择使用还原性气体或惰性气体进行保护,以确保加热过程更为均匀。根据钎焊过程中钎焊区的气氛成分,可以将其分类为四种类型:

空气炉内的钎焊、中性气氛炉内的钎焊、活性气氛炉内的钎焊以及真空炉内的钎焊。在进行大规模生产的过程中,连续式炉是一个可行的选择。

选择合适的钎焊技术时,我们需要考虑材料的大小、所用的钎料和钎剂、生产的数量以及成本等因素。

三、钎焊材料

钎焊材料包括钎料和钎剂,它们是影响钎焊质量的决定因素。

(一)钎料

在钎焊过程中,用于填补的金属被称为钎料。由于熔化的钎料是用于连接钎焊部件的,所以钎料对钎焊接头的质量和性能有直接的影响。

(1)钎焊可以根据其熔化温度的范围被划分为软钎料和硬钎料这两个主要类别。当使用的钎料的熔点低于450℃时,我们称其为软钎料;当使用的钎料的熔点超过450℃时,这种材料被称作硬钎料。

①种柔软的钎料材料。该技术主要应用于电子和食品工业中,用于导电、气密和水密器件的焊接工作。锡铅合金作为焊接材料是最常见的选择。为了去除氧化膜并增强钎料的润湿特性,软钎料通常需要添加钎剂。钎剂的种类繁多,在电子工业中,松香酒精溶液软钎焊是常用的。这种钎剂焊接后的残留物不会对工件造成腐蚀,因此被称为无腐蚀性钎剂。在焊接如铜、铁这样的材料时,所使用的钎剂主要是由氯化锌、氯化铵以及凡士林等成分构成的;在焊接铝的过程中,氟化物和氟硼酸盐是必不可少的钎接剂;还存在使用盐酸和氯化锌等作为钎接材料的情况。焊接完成后,这些钎剂的残留物具有腐蚀性,因此被称为腐蚀钎剂,并且焊接完成后需要彻底清洁。软钎焊的接头强度相对较弱,通常不会超过68.6MPa,主要适用于受力较轻或工作温度偏低的焊接部件。

②种硬质的钎料。硬度钎料的种类非常丰富,其中以铝、银、铜、锰和镍为基础的钎料使用最为广泛。铝基焊接材料经常被应用于铝制产品的钎焊过程中;银基和铜基的钎料经常被应用于铜和铁部件的焊接工作中;锰基和镍基的焊接材料主要用于焊接在高温环境中工作的不锈钢、耐热

钢以及高温合金等部件;在焊接如铍、钛、锆这样的难以熔化的金属、石墨和陶瓷材料时,常常采用钯基、锆基和钛基这些钎料。在选择钎料的过程中,必须充分考虑到母材的独特性质以及接头性能的具体需求。硬钎焊钎剂的成分通常包括金属和重金属的氯化物、氟化物、硼砂、硼酸、氟硼酸盐等,它们可以被加工成粉末、糊状或液态。某些钎料中可以加入锂、硼和磷,这样可以提高其去除氧化膜和润湿的能力。焊接完成后,钎剂的残留物应用温水、柠檬酸或草酸彻底清洗。硬钎焊技术能够实现高达490MPa的接头强度,特别适用于承受较大力量或工作温度较高的焊接部件。

(2)关于钎料的型号和牌号,请参照国家标准 GB/T6208—1995 中的《钎料型号表示方法》以 $S-Sn_{60}Pb_{40}Sb$ 为例,它代表了一种含有 60% 的锡、39% 的铅和 0.4% 的锑(这些都是质量分数)的软钎料;$B-Ag72Cu$ 是一种硬钎料,其质量分数分别为银 72% 和铜 28%。

(3)在选择钎料时,应根据实际使用需求来决策。对于那些对钎焊接头强度要求不严格或工作温度不高的钎焊,软钎料钎焊是一个可行的选择;在钢结构中,锡铅钎料的应用最为广泛;对于那些对钎焊接头强度有较高要求的情况,通常会选择使用硬钎料进行钎焊,尤其是铜基钎料和银基钎料;对于在低温环境中工作的接头,建议使用锡含量较低的焊接材料;对于需要高温、高强度以及良好抗氧化特性的接头,镍基钎料是一个合适的选择。

(二)钎剂

钎剂作为钎焊过程中的关键溶剂,其核心功能是清除母材和液态钎料表面的氧化物,确保母材和钎料在加热时不会进一步氧化,并增强钎剂对母材表面的润湿性。

(1)根据使用温度的不同,钎剂可以被分类为软钎剂和硬钎剂;根据不同的应用场景,钎剂可以被分类为常规钎剂和特定用途的钎剂。另外,基于不同的作用状态特性,我们还可以将其分类为一种气体钎剂。

①类型的软钎剂。在 450℃ 以下的钎焊过程中,所使用的钎剂被称

为软钎剂。这种软钎剂可以被分类为无机软钎剂和有机软钎剂,例如氯化锌的水溶液就是其中常见的无机软钎剂。

②类型的硬钎剂。用于450℃以上钎焊的钎剂被称为硬钎剂。常见的硬钎剂主要基于硼砂、硼酸及其混合物,并添加了如 QJ102 和 QJ103 等碱金属或碱土金属的氟化物、氟硼酸盐等高熔点钎剂。

③特定的钎接剂。专门设计的钎剂是为了那些难以去除氧化膜的金属材料进行钎焊,例如用于铝和钛的钎剂。

④气态的钎接剂。气体钎剂在炉内钎焊和火焰钎焊过程中扮演着钎剂的角色,其中常见的气体包括三氟化硼、硼酸甲酯等。其最显著的优势在于焊接前无需预先涂抹钎剂,焊接后也不会有钎剂残留,因此无需进行清洁。

(2)关于钎剂牌号的制作方法:QJ 代表的是钎剂本身;QJ 之后的首个数字代表了钎剂的应用种类,例如"1"代表用于铜基和银基钎料的钎剂,"2"代表用于铝和铝合金钎料的钎剂;QJ 之后的第二和第三个数字代表了同一种钎剂的不同型号。

四、钎焊应用

钎焊技术在多个领域都有广泛的应用,它可以用于连接各种黑色、有色金属、合金和其他不同的金属,特别适合那些小巧、薄且对精度有高要求的部件。在多个领域如机械、电机、无线电、仪器、航空、导弹、核能、航天技术,以及化学、食品等,都有其广泛的应用;在诸如喷气发动机、火箭发动机以及原子能设备的制造过程中,钎焊技术得到了广泛的应用,特别是在国防和高端技术领域;在机械和电子制造行业里,钎焊工艺已经被广泛应用于生产硬质合金刀具、钻头、电线以及汽轮机的叶片等部件;在电子产业和仪器制造领域,钎焊通常被视为唯一可行的连接方式,特别是在制作电子管和微波管等产品时。

第二节　高能密度焊

由于电子束、激光和压缩电弧产生的能量密度（大于等于 $10^6 W/cm^2$）特别高，所以将电子束焊、激光焊和等离子弧焊统称为高能密度焊。本节主要介绍电子束焊和激光焊。

一、电子束焊

(一)电子束焊的原理

电子束焊是一种利用电子枪产生的电子束，在强电场作用下以极高速度撞击焊件表面，将部分动能转化为热能，从而使焊件熔化，形成焊缝的工艺方法。热阴极（或灯丝）发射的电子，在真空中被高压静电场加速，通过磁透镜产生的电磁场聚集成功率密度高达 $106 \sim 108 W/cm^2$ 的电子束（束径为 $0.25 \sim 1mm$），轰击到工件表面，释放的动能转化为热能，熔化金属。强烈的金属气流作用下，熔化的金属被排出，形成一个类似锁的小孔，也称为匙孔。

(二)电子束焊的特点

电子束焊与其他焊接方法相比，有以下优点。

(1)由于电子束焊接具有集中的加热和高能量密度，其功率密度大约是电弧焊的 $5000 \sim 10000$ 倍，因此它特别适用于焊接难以熔化的金属和高度敏感的金属。由于焊接的速度范围在 $125 \sim 200m/h$，且焊接时的变形很小，热影响区域也相对较小，因此可以对经过精细加工的部件进行焊接处理。

(2)通常情况下，电弧焊的深宽比不会超过 2，而埋弧焊的比例大约是 $1:1.3$。但电子束的深宽比可以达到 $50:1$。因此，电子束焊接基本上不会引起角变形，特别适用于厚度较大的钢板不开坡口的单道焊，这大大减少了材料和能量的消耗。

(3)焊接金属纯度高的电子束的工作室通常位于高真空环境中，这种真空环境为焊接过程提供了高度纯净的场所,因此无需额外的保护气体,就能实现无氧化、无气孔和无杂质夹渣的高品质焊接接头。

(4)该工艺具有很强的适应性,其工艺参数易于调整,调节范围广泛,并且容易实现机械化和自动化控制。它对焊接结构具有很强的适应性,还可以将大型加工件转化为易于加工的简单小件,从而简化加工工艺。

(5)可焊接的材料种类繁多,不仅可以用于焊接金属和其他金属材料的连接部位,还可以用于焊接非金属材料,如陶瓷和石英玻璃等。

电子束焊的缺点:

①电子束焊接设备比较复杂,价格昂贵,使用维护较困难;

②对接头加工质量、装配要求严格;

③真空电子束焊接时,被焊件尺寸受限;

④电子束易受外界磁场的干扰;

⑤产生 X 射线,对人体健康有危害。

(三)电子束焊的分类

1.根据被焊工件所处环境的真空度分类

①采用高真空的电子束焊接技术。在真空度范围为 10=4~10-1Pa 的工作环境中进行了焊接作业。采用高真空电子束焊技术可以有效地避免金属元素氧化和烧损,这是一种在当前被广泛应用且发展相当成熟的焊接方法。这种方法的不足之处在于,焊接部件的尺寸受到工作空间大小的制约,其真空系统相对复杂,导致焊接效率不高和成本增加,特别适合焊接活跃的金属、难以熔化的金属以及对焊接有高要求的部件。

②采用低真空的电子束焊接技术。焊接技术是在真空度介于101~10Pa 的工作环境中进行的,与使用高真空电子束进行焊接相比,这种方法不仅降低了生产成本,还缩短了生产时间,特别适合于大规模零件的焊接和生产流程。

③采用非真空的电子束焊接技术。电子束依然是在真空环境中生成的,只不过这些生成的电子束是在大气压力作用下进行焊接作业的。当处于大气压环境中,电子束的散射作用非常显著,导致功率密度大幅下

降,同时焊缝的熔深和深宽比也有所减少,而一次焊接的渗透率不会超过30mm。这款电子束焊接技术打破了传统工作室的束缚,从而拓宽了其应用的广度。

2.根据电子束焊机加速电压高低分类

①采用高压电子束焊接技术,电压达到或超过120kV。在功率保持不变的情况下,高压电子束焊接技术能够轻松实现小直径、高功率密度的电子束斑点和大深宽比的焊缝,这对于大厚度板材的单道焊接以及难熔金属和热敏感性强的材料焊接显得尤为适宜。然而,在高压电子束焊接过程中产生的X射线强度较大,使得屏蔽和防护变得困难,因此需要使用耐高压绝缘材料来防止高压电击穿,目前只能选择固定式电子枪。

②采用中压电子束进行焊接,电压范围在60~100kV之间。由于加速电压相对较低,电子束上的斑点较为明显,并且这些斑点的半径依然保持在0.4mm之内,这样的尺寸完全可以满足常规焊接的需求,并且焊板的厚度可以达到大约70mm。为了解决X射线防护和电子枪的绝缘难题,降低加速电压是有益的,而电子枪可以被设计为固定或可移动的形式。

③采用低压电子束焊接技术,电压不超过40kV。焊接过程中无需使用特定的射线保护措施,其设备相对简洁,并且电子枪可以设计为小型的移动设备。然而,在功率相同的情况下,电子束的流量较大,导致束流聚集变得更为困难,其束斑的直径可能大于或等于1mm,并且其功率也只能控制在10kW以下,因此它只适用于焊接深度和宽度比要求不高的薄板。

(四)电子束焊的应用

电子束焊可用于焊接低合金钢、有色金属、难熔金属、复合材料、异种材料等,薄板、厚板均可以,特别适用于焊接厚件及要求变形很小的焊件、真空中使用器件、精密微型器件等。近年来,我国在汽车制造、电子和仪表工业中都应用了电子束焊接。

二、激光焊

(一)激光焊的特点

激光焊技术是在 20 世纪 70 年代兴起的一种焊接方法,它利用高能量激光作为热能来源,对金属材料进行熔化,从而形成焊接接头。相较于传统的焊接技术,激光焊接展现出了其独特的优势。

①激光焊束的能量密度非常高,能够达到 $105 \sim 1013 W/cm^2$ 或更高的范围,其加热过程非常迅速,焊接点很小,热影响区非常狭窄,焊接时的变形很小,因此焊件的尺寸精度非常高。

②设备支持深熔焊接技术,其深宽比能够达到 12：1 的比例;如果不设置坡口,单道焊接可以穿透 50mm,但在焊接过程中会出现小孔的现象。

③对于那些常规焊接技术难以处理的材料,例如钨、钼、钽、锆等难以熔化的金属,都可以进行焊接,甚至还可以应用于非金属材料的焊接,例如陶瓷和有机玻璃等。

④激光具有反射和透射的能力,它可以在空间中传播很远的距离而衰减极小,适用于远距离或某些难以靠近的部位进行焊接。

⑤有能力在空气中进行有色金属的焊接,而无需额外添加保护性气体。相较于电子束焊,激光焊不依赖真空室,不会产生 X 射线,并且不会受到电磁场的干扰,因此能够焊接磁性材料。

⑥一台激光器能够执行焊接、切割、合金化以及热处理等多个任务。

激光焊存在的主要不足包括:需要大量的一次性投资,以及对于高反射率材料的直接焊接存在困难。

(二)激光焊设备

整套的激光焊设备主要包括激光器、光束检测仪、光学偏转聚焦系统、工作台(或专用焊机)和控制系统。

(1)用于焊接的激光器可以根据其工作物质的状态被分类为固态激光器和气态激光器;根据其输出能量的方式,可以将其分类为脉冲激光器与连续激光器。

①固体激光器的主要组成部分包括激光工作物质(如红宝石、YAG或钕玻璃棒)、聚光器腔(包括全反镜和输出窗口)、泵灯、电源和控制设备。

②用于气体激光器焊接和切割的气体激光器主要是 CO_2 激光器。

(2)光束检测仪具有双重功能:首先,它能够实时监测激光器的输出功率;其次,它能够探测激光束在横截面上的能量分布情况。

(3)偏转聚焦系统对激光的方向和能量聚集起到了改变作用。

(三)激光焊新技术——激光－MIG复合焊

尽管激光焊被认为是一种高能量密度的焊接技术,但在进行激光焊接时,常常会碰到如下挑战:首先,由于焊接光束的直径非常微小,焊接部件之间的间隙必须小于 0.5mm;第二个问题是,在激光焊接尚未形成熔池的阶段,其热效率非常低;第三点是,在进行大功率激光焊接的过程中,生成的金属蒸汽和保护气体会被电离,在熔池上方形成等离子体。当激光束照射到这些等离子体上时,会发生折射、反射和吸收现象,这会改变焦点的位置,从而降低激光功率和热源的集中程度,这就是激光焊接时产生的等离子体的负面效应,进一步影响焊接过程。

在使用激光－MIG复合焊技术时,可以最大限度地利用各种焊接技术的长处,同时也能解决存在的问题。由于激光与MIG焊接技术的结合,熔池的宽度得以扩大,这导致了装配需求的降低和焊缝追踪的便捷性。

由于MIG焊电弧首先熔化了母材,这有助于解决初始熔化的问题,从而使得激光的吸收率能够达到 $50\% \sim 100\%$,这样可以更有效地利用激光的能量,进而降低所使用激光器的功率。激光束直接作用在电弧生成的熔池底部,再加上液态金属对激光束的高吸收率,这导致了熔池深度的增加。在激光－MIG复合焊技术中,激光焊保持了其深熔、快速、高效和低热输入的特性,同时MIG焊焊丝的金属在熔池中熔化,这有助于避免焊缝表面出现凹陷、咬边等缺陷。

这一复合焊接技术已经在汽车制造、船舶制造以及运输系统制造领域得到了广泛应用,能够用于焊接钢、铝以及它们的合金结构。比如说,摩托车的铝合金轴是可以焊接的。

(四)激光焊的应用

激光焊接技术能够处理低合金高强度钢、不锈钢以及铜、镍、钛的合金,还有其他不同的金属和非金属材料(例如陶瓷、有机玻璃等)。此外,激光焊接技术也被广泛应用于焊接、切割、打孔和其他多种加工过程,目前,它主要被用于电子仪器、石油化工、航空、航天和原子核反应堆等多个领域。

第三节　电渣焊

一、电渣焊的原理及分类

电渣焊是利用电流通过液体熔渣所产生的电阻热进行焊接的方法。电渣焊根据所用电极形状的不同可分为以下几种。

(一)丝极电渣焊

丝极电渣焊技术是最早被采用且应用最广泛的电渣焊接方式之一。该设备使用持续流入的焊丝作为融化的电极,并填充有金属。基于焊件的厚度差异,可以选择使用 1～3 根焊丝。当焊丝的数量保持不变时,为了提高焊接部件的厚度并确保基材在厚度上均匀熔化,焊丝可以在厚度上进行横向的摆动。当使用多条焊丝进行焊接时,所需的焊接设备和技术变得尤为复杂。丝极电渣焊技术通常被应用于焊接厚度在 40～450mm 范围内,并且具有较长焊缝的焊接部件以及环状焊缝。

(二)板极电渣焊

板极电渣焊采用金属板条作为其熔化的电极。根据焊接部件的厚度差异,电渣焊的板极可以选择使用一块或多块板极来完成。由于在焊接过程中,板极仅需向下推进而不进行横向摆动,加上板极的推进速度非常缓慢(1～3m/h),因此可以完全手动进行,这也使得板极电渣焊设备相对简单。板极材料的化学构成只需与焊接部件保持一致或接近,因此可以采用板材的边缘材料来制造,这不仅方便,还具有经济效益。然而,由于电极截面较大,板极电渣焊必须使用高功率的电源;同时,规定板极的长度必须是焊缝长度的 4 到 5 倍,如果焊缝长度有所增加,板极的长度也需要相应地延长。因此,板极的长度受到其固有刚度和进料机构高度的制约,这也导致了板极电渣焊焊缝长度的限制。

(三)熔嘴电渣焊

熔嘴电渣焊是一种电渣焊技术,它使用不断流入的焊丝和固定在焊件组装间隙的熔嘴,这些熔嘴与焊件是绝缘的,共同作为填充金属。

熔嘴由与焊件截面形状一致的熔嘴板和导丝管构成。在焊接过程中,熔嘴不仅充当导电嘴的角色,还会在熔化后变成填充金属的一部分。根据焊接部件的厚度差异,可以选择使用一个或多个熔口进行焊接。现阶段,焊接部件的厚度已经扩展到 2m,而焊缝的长度也超过了 10m。

(四)管极电渣焊

管极电渣焊又称管状熔嘴电渣焊。管极电渣焊用一根在外表面涂有药皮的无缝钢管充当熔嘴,在焊接过程中,药皮除了可起到绝缘作用并使装配间隙减小外,还可以起到随时补充熔渣及向焊缝过渡合金元素的作用。这种方法适用于焊接厚度为 20～60mm 的焊件。

二、电渣焊应用

电渣焊技术特别适用于焊接厚度较大的部件,目前能够焊接的最大厚度可以达到 300mm。焊件的厚度和焊缝的长度越大,使用电渣焊的方法就越合适。通常用于那些难以使用埋弧焊或气电立焊技术的特定曲线或曲面焊缝,或是因现场施工或起重设备限制而必须在垂直位置进行焊接的焊缝,以及大面积堆焊和某些焊接性能较差的金属材料,如高碳钢和铸铁的焊接等。电渣焊不只是一种高品质、高效率和低成本的焊接技术,它还为制造大型部件和重型机械设备提供了新的可能性。对于那些因生产条件而受到尺寸和重量限制的大型铸造和锻造结构,利用电渣焊技术,可以选择铸－焊、锻－焊或轧－焊的方式进行替代,这有助于显著提升工厂的生产效率。

第四节　螺柱焊

螺柱焊技术是一种将金属螺柱或其他固定部件焊接到工件上的手段。螺柱焊是一种在汽车、造船、机车等多个行业中广泛使用的加压熔焊技术,它结合了熔焊和压焊的独特性质。在焊接过程中,螺柱的一端与板材的表面进行接触,然后通过通电来引弧,当接触面开始熔化时,对螺柱施加适当的压力以完成焊接工作。

一、螺柱焊的特点、分类及应用

(一)螺柱焊的特点

螺柱焊与普通电弧焊相比,或与同样能把螺柱与平板作 T 形连接的其他工艺方法相比,具有以下特点。

①焊接时间短(通常小于 1s),不需要填充金属,生产率高;热输入小,焊缝金属和热影响区域窄,焊接变形极小,所以精确度高,稳定性好。

②只需要单面焊,并且由于熔深浅,焊接过程中对焊件背面不会造成损害。

③安装紧固件时,不需要钻孔、打洞、攻螺纹和铆接等连接方式就能使紧固件之间的间距达到最小,增加防漏的可靠性。

④易于全位置焊接。

⑤与螺纹连接相比节省材料,不打孔,减少连接部分所需机械加工工序,成本低,效率高。

⑥焊前接触表面需要清理油污、氧化物等,但清理要求不高,焊后也无需清理。

⑦焊接设备调节比较复杂。

(二)螺柱焊的应用

螺柱焊技术在安装螺柱或其他类似紧固件时,可以替代如铆接、钻孔、焊条电弧焊、电阻焊或钎焊等传统方法。它能够焊接由低碳钢、低合金钢、铜、铝及其合金制成的螺柱、螺钉(栓钉)、销钉和各种异型钉。这种技术在高层钢骨结构建筑、工业厂房建筑、公路、铁路、桥梁、塔架、汽车、能源、交通设施建筑、机场、车站、电站、管道支架、起重机械以及其他钢结构中都有广泛的应用。

(三)螺柱焊的分类

螺柱焊接技术有许多不同的方法,相应的焊机也存在差异。在国内,螺柱焊机有多个非正式的称呼,例如种焊机、植焊机、种钉机、植钉机、螺钉焊机和螺丝焊机等,这些都是指螺柱焊机。螺柱焊可以根据使用的电源和接头的形成过程的不同,通常分为三种基本形式:电弧螺柱焊、电容储能螺柱焊、短周期螺柱焊。

这三类螺柱焊接技术的显著差异主要体现在电源供应和电弧持续时间的不同。电弧螺柱焊的电源是由弧焊电源提供的,其燃烧时间大约在0.1到1秒之间;电容储能螺柱焊是通过电容储能电源进行供电的,其燃弧时间极短,大约在1到15毫秒之间;短周期螺柱焊是电弧螺柱焊中的一种独特技术,其焊接所需时间仅为电弧螺柱焊的十分之一到几十分之一。在整个焊接过程中,它与电容储能螺柱焊相似,不需要使用传统电弧螺柱焊中的陶瓷环、焊剂或保护气体等额外的保护手段。

二、电弧螺柱焊

电弧螺柱焊代表了电弧焊技术中的一个独特应用领域。焊接的具体步骤如下:首先,将螺柱置于焊枪的夹头中,并在螺柱与焊件之间点燃电弧。这样,螺柱的端面和焊件的表面都会被加热至熔化状态。当温度达到一个合适的水平时,将螺柱挤压进熔池,使其熔合,从而形成焊缝。为了保护熔融的金属,需要在螺柱引弧端预先添加焊剂和陶瓷保护圈。

(一)电弧螺柱焊的焊接原理

①将焊枪置于焊件上。

②施加预压力使焊枪内的弹簧压缩,直到螺柱与保护套圈紧贴焊件表面。

③扣压焊枪上的扳机开关,接通焊接回路使枪体内的电磁线励磁,螺柱被自动提升,在螺柱与焊件之间引弧。

④螺柱处于提升位置,电弧扩展到整个螺柱端面,并使端面少量熔化,电弧热同时使螺柱下方的焊件表面熔化并形成熔池。

⑤电弧按预定时间熄灭,电磁线圈去磁,靠弹簧压力快速地将螺柱熔化端压入熔池,焊接回路断开。

⑥稍停后,将焊枪从焊好的螺柱上抽起,打碎并除去保护套圈。

(二)电弧螺柱焊的设备

电弧螺柱焊所使用的设备主要包括焊接电源、焊接时间的控制器以及焊枪等部件。

电弧螺柱焊枪作为螺柱焊设备的核心执行部件,存在着手持和固定两个版本。手持焊枪的使用非常广泛,而固定式焊枪是专为某一特定产品设计的,它被固定在支架上,并在特定的工作位置完成焊接工作。这两款焊枪的操作机制是一致的。

专门的焊接机器经常把电源和时间控制器整合为一个整体。焊接电源的要求是使用直流电电源来产生稳定的电弧,同时还需要具有较高的空载电压和陡降的外特性,还需要能在短时间内输出大电流,并迅速达到预定的设定值。

(三)电弧螺柱焊的焊接参数

为了确保获得高质量的电弧螺柱焊接接头,必须输入充足的能量,而这种能量与螺柱的横截面积、焊接电流、电弧电压和燃弧时间密切相关。焊接电弧的电压是由电弧的长度或螺柱焊枪设定的升高高度决定的,一旦调整完毕,电弧电压基本保持不变。因此,输入的能量完全受焊接电流和焊接持续时间的影响。在生产过程中,焊接电流和时间的选择通常是基于焊接螺柱的横截面尺寸来决定的,螺柱的直径越大,所需的焊接电流和时间也就越长。另外,焊接的具体参数与螺柱的材料类型密切相关。例如,在铝合金电弧螺柱焊使用氩气进行保护时,与钢螺柱焊相比,需要更高的电弧电压、更长的焊接周期以及更低的焊接电流。

(四)短周期螺柱焊

短周期螺柱焊是一种电弧螺柱焊技术,其中焊接电流是通过波形进行控制的,它是电弧螺柱焊中的一个独特类型。焊接的整个流程包括短路、提升、焊接、钉落以及电顶锻等多个步骤。短周期螺柱焊设备是由电源、控制单元、送料设备和焊枪等多个部分构成的,而电源和控制箱一般都被安置在同一个箱体内。这种螺柱焊接的电源可以是弧焊整流器组、逆变器,或者是整流器加电容组。当使用双整流器和逆变器作为电源时,电弧过程表现为阶段性的稳定电弧。

三、电容储能螺柱焊

储能式螺柱焊机利用大容量电容作为焊接过程中的能量来源,并通过可控硅的精确控制来控制放电时间。这使得螺柱尖端能够在瞬间以低电压和强电流的形式迅速熔化,从而实现螺柱与工作面间隙的快速合并,确保螺柱能够牢固地焊接在工作面上,整个焊接过程持续时间为1～3ms。电容放电螺柱焊是一种利用电容器内的电能进行瞬时放电,从而产生电弧热以连接螺柱和工件的焊接技术。由于电容器内已经储存了焊接前的电能,因此这种焊接也被称作电容储能螺柱焊。依据不同的电弧点燃方式,电容储能螺柱焊接可被分类为预接触式、预留间隙式以及拉弧式三个不同的焊接技术。

(一)预接触式

预接触式电容储能螺柱焊的显著特点是首先进行接触,然后进行通电(在通电之前施加压力),最后完成焊接工作。这个方法要求在螺柱法兰的端部预先加工出一个凸台。操作流程如下:首先确保螺柱与焊件对齐,让小凸台与焊件产生接触,接着施加压力使螺柱向焊件方向推进,之后电容开始放电,大电流通过小凸台,由于电流密度极高,瞬时断裂形成电弧。在电弧燃烧的过程中,焊接面会被加热至熔化状态。由于持续的压力作用,螺柱会向焊接件方向移动,当螺柱的端部与焊接件接触时,电弧便会熄灭,从而形成焊缝。

(二)预留间隙式

预留间隙式电容储能螺柱焊的显著特点是保持一定的间隙,先进行通电,然后通过接触放电进行加压,从而完成整个焊接过程。操作的具体步骤如下:在焊接螺柱的待焊端,也需要制造一个小凸台。在焊接过程中,确保螺柱与焊件对齐,避免接触,并保留一定的间隙。接着,通电,并在这些间隙中加入电容器的充电电压。同时,螺柱会在弹簧、重力或汽缸推力的作用下,脱扣并移向焊件;当焊件与螺柱发生接触的那一刹那,电容器迅速地进行了放电;当大电流作用于小凸台时,它会烧化并点燃电弧,导致两个焊接表面融化;在焊接过程的最后阶段,螺柱被插入到焊件中,从而使电弧熄灭,完成了整个焊接过程。

(三)拉弧式

拉弧式电容储能螺柱焊的显著特点是,在接触之后会拉起引弧,然后通过电容放电来完成焊接过程。这种焊接方法中,螺柱的焊接端不需要有小凸台,但它需要被加工成锥形或稍微呈球形。引弧技术与电弧螺柱焊接是一样的,都是由电子控制器按照预定的程序来操作的,而焊枪的焊接方式也与电弧螺柱焊接有许多相似之处。

在焊接过程中,首先要确保螺柱在焊件上被准确地定位并与其接触,然后按下焊枪的开关,从而连接焊接回路和焊枪内部的电磁线圈。线圈的主要功能是将螺柱从焊接部分拉出,从而在它们之间点燃小电流的电弧。在提升线圈断电的情况下,电容器会通过电弧放电产生大电流,这会将螺柱和待焊的焊面熔化,然后螺柱会在弹簧或汽缸力的作用下向焊件方向移动。当焊件被插入时,电弧被熄灭,从而完成了焊接过程。

储能式螺柱焊机在多个领域得到了广泛应用,包括钣金工程、电子行业的开关柜、各种试验和医疗设备、食品制造、家用电器制造、通讯工程,以及工业全套炊具、办公和银行设备、投币式售货机、玻璃幕墙结构和绝缘技术等。

四、螺柱焊方法的选择

在选择螺柱焊的方法时,我们应遵循以下的准则。

①对于直径超过 8mm 的螺柱,电弧螺柱焊技术是一个可行的选择(例如,电站锅炉的水冷壁管屏一般使用电弧螺柱焊技术)。尽管电弧螺柱焊能够焊接直径在 3～25mm 之间的螺柱,但对于直径小于 8mm 的螺柱,电容储能螺柱焊或短周期螺柱焊是更为合适的焊接方法。

②在选择焊接材料时,螺柱的直径和焊件的厚度之间的比例关系也是需要考虑的。通常,电弧螺柱焊的比例是 3～4,而电容储能螺柱焊和短周期螺柱焊的比例大约是 8。因此,对于厚度不超过 3mm 的焊件,电容储能螺柱焊和短周期螺柱焊是最佳选择。

③在焊接碳钢、不锈钢、铝合金等多种材料时,螺柱焊方法是一个可选的选项。然而,当涉及到铝合金、铜以及涂层钢板薄板或其他不同金属材料的螺柱焊接时,电容储能螺柱焊是最佳选择。

第五节　摩擦焊

一、摩擦焊的原理及特点

(一)摩擦焊的基本原理

摩擦焊是一种压焊技术,它是通过焊件的接触端面在相对运动过程中产生的摩擦产生的热量,使端部达到热塑性,然后迅速进行顶锻以完成焊接。

为了实现两个具有圆形截面的工件的对接焊,首先需要让一个工件以中心线作为轴进行高速旋转,然后对另一个工件施加轴向压力,这样接触端面就会开始摩擦加热。当达到预定的摩擦时间或规定的摩擦变形量

(此时接头已达到焊接温度)时,应立即停止工件的旋转,并同时施加更大的轴向压力,以完成顶锻焊接。在整个焊接过程中,不需要添加金属、焊剂或保护气体,整个焊接流程仅需短短几秒钟。

在压力作用下,两个焊接部件的接合面之间的高速摩擦可以带来两大显著效果:首先,它会破坏接合面的氧化层或其他可能的污染层,导致纯净的金属被暴露;从另一个角度看,它会产生热量,导致接合面迅速生成热塑性层。在接下来的摩擦扭矩和轴向压力的影响下,这些碎裂的氧化物和部分的塑性层被挤出到接合面外,形成飞边。剩下的塑性变形金属就构成了焊缝金属,最终的顶锻过程使焊缝金属得到了进一步的锻造,从而形成了高质量的焊接接头。

从焊接的过程中可以观察到,摩擦焊的接头是在焊接金属的熔点以下形成的,因此摩擦焊是一种固态焊接技术。

(二)摩擦焊的特点

1.摩擦焊的优点

①接合表面的清洁度不像电阻对焊时那么重要,因为摩擦过程能破坏和清除表面层。

②局部受热、不发生熔化,使得摩擦焊比其他焊接方法更适于焊接异种金属。

③大批量生产,易于实现机械化和自动化。具有自动上、下料装置的摩擦焊机,生产率非常高,高达1200件/小时。

④电功率和总能量消耗比其他焊接方法小,比闪光焊节能80%~90%。

⑤工作场地卫生,没有火花、弧光、飞溅及有害气体或烟尘。

2.摩擦焊的缺点

①摩擦焊主要是一种工件高速旋转的焊接方法,其中一个工件必须有对称轴,并且它能绕着此轴旋转。因此工件的形状和尺寸受到很大的限制,对于非圆形截面工件的焊接就很困难,盘状工件或薄壁管件,由于不易夹紧也很难施焊。

②由于受摩擦焊机主轴电动机功率和压力的限制,目前最大焊接的截面仅仅为 $200cm^2$。

③摩擦焊机的一次性投资较大,只有大批量集中生产时,才能降低焊接生产成本。

二、摩擦焊的分类

根据焊件的相对摩擦运动路径,摩擦焊可以被分类为旋转式摩擦焊与轨道式摩擦焊这两种类型。

旋转式摩擦焊的显著特性是,在焊接过程中,至少有一个焊件会围绕与接合面垂直的对称轴进行旋转。这种类型的摩擦焊主要应用于具有圆形截面的焊接部件,它是目前最广泛使用且种类最多的焊接方式。

轨道式摩擦焊技术允许一个焊件的接合面上的每一个点都沿着与另一个焊件接合面相同大小的轨迹移动。这种移动可以是一个环形或直线往复的焊件相对于另一个焊件的接合面进行小圆周运动。在这种小圆周运动过程中,这两个焊件都不会绕各自的中心轴进行旋转,但必须确保接合面能够保持接触状态。在停止运动的时候,必须在接头还处于塑性状态时,迅速将焊件对准一条直线,然后进行顶锻,从而完成焊接。这种类型的摩擦焊只适用于非圆形截面的部件焊接。

(一)普通型

一个焊件旋转而另一焊件保持不转动,是最常见的一种。

(二)两焊件异向旋转型

两焊件都旋转,但方向相反,适用于焊接小直径焊件,这种小直径焊接需要很高的相对转速。

(三)中间件旋转型

此法适用于焊接两根很长的焊件。

(四)焊件在中间两头同向旋转型

两旋转的焊件顶向中间静止的焊件。

(五)径向摩擦焊型

焊接过程中,需要在两个管件的端部开设坡口,并确保它们之间的对齐和固定。接着,在接头坡口中放置一个与管件成分相似的完整圆环,这个圆环具有内锥面,焊接前应确保锥面首先与坡口底部接触。在焊接过程中,焊接部件保持静态,而圆环则高速旋转,并在两个管端施加径向的摩擦压力。当摩擦加热完成后,停止圆环的旋转,并对圆环施加顶部锻造压力,以确保两管焊接牢固。

三、摩擦焊应用

摩擦焊技术在多个行业中都得到了广大的使用,以下是一些利用摩擦焊技术生产的产品的例子。

在刀具制造行业中,如钻头、立铣刀、丝锥、铰刀和拉刀等工具的毛坯焊接通常是通过在刀刃部(高速钢)和圆刀柄部(碳钢)之间进行摩擦焊来完成的。

在机器制造行业中,我们主要生产轴类部件、管材、螺杆、顶杆、拉杆、拨叉、机床主轴、铣床刀杆、地质钻杆、液压千斤顶以及轴与法兰盘等产品。

在汽车和拖拉机的制造领域,我们有:半轴、齿轮轴、柴油机的增压器叶轮、汽车的后桥轴头、排气阀、活塞杆以及双金属轴瓦等部件。

在自行车部件制造行业中,涉及到压力安全阀的摩擦焊接技术等。在锅炉制造行业中,采用的是蛇形管的对接技术。

在石油化工领域,主要涉及石油钻杆和管道。

在阀门制造行业中,高压阀门的阀体是通过焊接来实现的。在电工领域,焊接的是铜与铝的接线端子。

在轻工纺织机械中,我们可以找到小型的轴、辊和管部件。

四、摩擦焊的新发展——搅拌摩擦焊

在过去的几年中,为了更好地保护环境和节省能源,大家都强烈期望运输机械能够实现轻量化。铝及其合金因其轻质、耐腐蚀和易于成型的特性而受到青睐。随着新型硬铝等材料的涌现,这些材料的性能也得到了持续的提升,因此在航空、航天、高速列车、高速舰船和汽车等多个工业制造领域,它们的应用越来越广泛。

　　焊接是这些建筑结构安装连接的主要手段。在铝和铝合金焊接过程中,一个显著的问题是其膨胀系数较高,这可能导致焊接时出现明显的形变。为了避免变形,施工现场必须使用胎卡具进行固定,并由受过培训的熟练工人进行操作。鉴于铝和其铝合金的氧化倾向,其表面覆盖了一层紧密、坚韧且难以熔化的氧化膜,因此焊接前需要对其表面进行去膜处理。在焊接过程中,需要使用氩气和其他惰性气体来提供保护。在铝和铝合金的焊接过程中,很容易出现如气孔、热裂纹这样的缺陷,这也是焊接过程中需要特别关注的问题。对于经过热处理的铝合金,焊接过程中的热影响区的软化强度必须得到避免的降低。为了克服铝和铝合金熔焊过程中遇到的各种问题,我们研发了一种创新的固相焊接技术,也就是搅拌摩擦焊。

(一)搅拌摩擦焊的原理

　　搅拌摩擦焊技术是由英国焊接研究所(TWI)在 1992 年首次提出的专利焊接方法。与传统的摩擦焊技术相似,搅拌摩擦焊也采用摩擦热作为其焊接的热源。搅拌摩擦焊焊接的独特之处在于,它是由一个圆柱状的焊头插入工件的接缝处,并通过焊头的高速旋转与焊接材料产生摩擦。这种摩擦导致连接部位的材料温度上升并变得柔软,同时也通过搅拌摩擦完成了焊接过程。在焊接的过程当中,工件需要被稳固地固定在背垫之上,焊头的边缘需要进行高速的旋转,而工件边缘的接缝则需要与工件保持相对的位移。焊头的凸出部分深入材料内部,进行摩擦和搅动,焊头的肩部与工件表面摩擦产生热量,这有助于防止塑性材料的泄漏,同时也能清除表面的氧化膜。

　　搅拌头被认为是搅拌摩擦焊工艺中的关键技术之一,它的主要作用包括:对焊接材料进行加热和软化处理;接头表面的氧化层呈现出破碎和弥散的特点;推动搅拌头前端的物料向尾部迁移;推动连接部位上方的物料向下方迁移;将经过转移的热塑化材料转化为固态连接。

搅拌摩擦焊采用带有搅拌焊针的搅拌头,这种搅拌头通常是由具有出色的耐高温静态和动态力学特性,以及其他物理属性的耐磨材料制成的,主要由搅拌针和轴肩两个部分组成。焊针是一种特殊形态的旋转工具,它位于对接焊缝的中央,通常是由工具钢制成的,并且其长度通常稍微短于所需焊接的深度。搅拌头的设计形态是决定高品质焊缝和出色焊缝机械特性的核心要素。

通过对搅拌摩擦焊焊接接头进行金相和显微硬度的分析,我们可以观察到焊接接头的焊缝结构可以被划分为四大部分:A 区作为基材,既不会受到热的影响,也不会发生变形;B 区是一个受到热影响的区域,虽然没有受到形变的影响,但却受到了从焊接区传递过来的热量的影响;C 区是一个受到变形热影响的区域,该区域不仅受到塑性变形的影响,还受到焊接温度的影响;D 区是焊核,它是两个焊件共有的部分。

(二)搅拌摩擦焊的特点

由于搅拌摩擦焊是一种固定连接,所以与其他焊接方法相比具有很多的优越性。

1.搅拌摩擦焊的优点

①搅拌摩擦焊被认为是一种既高效又节能的连接技术。对于厚度达到 12.5mm 的 6XXX 系列铝合金材料,采用搅拌摩擦焊技术可以实现单面焊接和双面成型,其总的功率输入大约是 3kW。在焊接过程中,无需添加焊丝或使用惰性气体进行保护,焊接前也无需进行坡口设计或对材料表面进行特别处理。

②在焊接过程中,由于母材不会熔化,这有助于实现全位置焊接和高速焊接。

③适合于对热敏感性极高且不需要制作状态的材料进行焊接。对于热敏感性较高的硬铝和超硬铝等不能通过熔焊焊接的材料,搅拌摩擦焊是一种可靠的连接方式;这有助于增强热处理后的铝合金接头的强度;在

焊接过程中,不会出现如气孔、裂缝之类的瑕疵;这样可以避免铝基复合材料中的合金和强化相发生析出或溶解现象;该设备能够焊接各种不同状态的材料,包括铸造、锻压以及铸造和轧制。

④由于焊接过程中的变形极小或完全没有变形,这使得精密铝合金部件的焊接成为可能。

⑤焊缝的组织晶粒得到了细化,从而使得接头的力学性能表现出色。在焊接过程中,焊缝中的金属会产生塑性流动,这样接头就不会形成柱状晶等微观结构,反而能够使晶粒变得更加细小,从而确保焊接接头具有出色的力学性能,尤其是在抗疲劳性能方面。

⑥具有易于机械化和自动化的特点,能够精确地控制焊接过程,并对焊接参数进行数字化的输入、管理和记录。

⑦搅拌摩擦焊被认为是一种安全可靠的焊接技术。与传统的熔焊技术相对照,搅拌摩擦焊在操作过程中避免了飞溅、烟尘和弧光产生的红外线或紫外线等对人体有害的辐射。

搅拌摩擦焊不仅继承了传统摩擦焊技术的多项优势,还能实现多样化的接头设计和不同焊接位置的有效连接。

2. 存在的问题

随着搅拌摩擦焊技术研究的深入发展,搅拌摩擦焊在应用领域的限制得到很好解决,但是受它本身特点限制,搅拌摩擦焊仍然存在以下问题。

①焊缝的高度没有增加,因此在设计接头时,这一特性需要特别关注。焊接的角接接头受到了一定的制约,因此接头的设计必须具有独特性。

②由于需要对焊缝施加更大的压力,这限制了搅拌摩擦焊技术在机器人和其他设备中的广泛应用。

③在焊接完成后,由于搅拌头的回抽可能会在焊缝中留下搅拌指棒的孔洞,因此在必要的情况下,焊接过程中可能需要加入"引弧板或引出板"。

④为了实现焊接的目的,焊接部件必须具备适当的结构刚度或被稳固地固定,并在焊缝的背侧添加一个能够抵抗摩擦的垫板。

⑤强调必须严格控制接头的错边量和间隙的大小。

⑥目前的研究主要集中在轻金属及其合金的焊接技术上。

综合来看,搅拌磨擦焊相较于熔焊,代表了一种高品质、高稳定性、高工作效率且成本较低的环保连接方法。

(三)搅拌摩擦焊的应用

经过十几年的持续研究和发展,搅拌摩擦焊已经步入了工业化的应用时期。搅拌摩擦焊技术在美国的航天产业、欧洲的船舶生产行业以及日本的高速列车制造行业中都取得了显著的成功应用。自 2002 年我国引进以来,该技术已在航空、航天、船舶、高速列车以及轻型结构等多个领域得到了成功的实施和应用。搅拌摩擦焊技术已经能够焊接所有牌号的铝和其合金,并且已经成功应用于铝基复合材料、铸件以及锻压板材的铝合金搅拌摩擦焊过程中。搅拌摩擦焊技术同样适合于连接钛合金、镁合金、铜合金和铁合金等多种材料。

第六节　扩散焊

扩散焊是一种在过去十几年中新兴的焊接技术,同时也被归类为压焊。扩散焊是一种特定的焊接技术,它在特定的温度和压力条件下让待焊接的表面产生物理接触。这种物理接触可以通过微观塑性变形或产生微量液相来扩大,然后通过较长时间的原子相互扩散来实现冶金结合。

一、扩散焊的特点

(一)扩散焊的优点

①零部件具有较小的变形和优良的接头质量,其焊接温度通常在母材熔化温度的 0.4~0.8 范围内,因此成功地消除了熔化对母材造成的不良影响。

②有能力焊接那些其他焊接技术难以处理的部件和材料,其中焊接材料的种类是所有焊接方法中最为丰富的。

③能够对各种不同的复杂截面(如特厚或特薄、特大或特小)进行焊接操作,保证焊接的质量是稳定和可靠的。

(二)扩散焊的缺点

①焊前对焊接件表面的加工清理和装配质量要求十分严格(要求连接表面的粗糙度 Ra<0.8mm,需要真空辅助装置等)。

②焊接热循环时间长,单件焊接生产率较低。

③设备一次投资较大,而焊接工件的尺寸受到设备的限制。

④对焊缝的焊合质量尚无可靠的无损检测手段。

二、扩散焊的应用

该技术广泛应用于焊接各种小型、精密和复杂的焊件,特别是那些焊接用的熔焊和钎焊难以达到质量标准的焊件。它不仅在原子能、航天、导弹等先进技术领域为特殊材料焊接提供了可靠的工艺解决方案,而且在机械制造行业也得到了广泛的应用。例如,在制造金属切削刀具(钢与硬质合金的焊接)、发动机缸体与气门座圈的连接、涡轮机叶片的焊接、汽车差动伞齿轮孔镶衬套(薄壁青铜套)等方面,采用扩散焊后,接头的质量得到了显著的提升。

利用扩散焊技术,我们能够将如陶瓷、石墨、石英和玻璃这样的非金属材料与金属材料进行焊接,比如将钠离子导电体玻璃与铝箔或铝丝进行焊接,从而制作出电子工业用的元件。

第七节　超声波焊

超声波是一种特殊的焊接技术,它利用超声波(频率超过 16kHz)产生的机械振动能量来连接相同或不同的金属、半导体、塑料和陶瓷等材料。

在金属的超声波焊接过程中,不会向工件传递电流,也不会为工件提供高温的热源,而是在静态压力作用下,将弹性振动的能量转化为工件之间的摩擦能量、形变能量以及后续的有限温度上升。接头之间的冶金连接是在母材不熔化的前提下完成的,因此它被视为一种固态焊接技术。

一、超声波焊的原理及特点

(一)超声波焊的工作原理

上声极负责向工件提供超声波频率的弹性振动能量并施加相应的压力,而下声极则是固定不变的,主要用于支撑工件。

在超声波焊接过程中,弹性振动的能量大小是由加入的工件的振幅、在谐振状态下的振幅分布以及它们的大小所决定的。A1 代表了换能器和聚能器轴线上各个位置的振幅分布情况。聚能器的振幅分布是由其锥面的形态和相应的放大系数所决定的。A2 描述的是耦合杆上各个位置的振幅分布情况。尽管耦合杆对振动的形态和分布产生了变化,但其振幅的幅度并未受到影响。

弹性振动能通过上声极传递,并经历了一系列的能量转化和传递过程。在这些步骤中,超声波发生器作为一个变频设备,能够将工频电流转化为超声波频率(15～16kHz)的振动电流。换能器利用磁致收缩的作用,将电磁能量转化为弹性的机械振动能量。聚能器的主要功能是放大振动幅度,并通过耦合杆和上声极与工件进行耦合。声学系统通常是由换能器、聚能器、耦合杆和上声极组成的一个整体。当发生器产生的振荡电流频率与声学系统的固有频率相匹配时,该系统便会进入共振状态,并向工件释放弹性振动能量。在静压力弹性振动能的共同影响下,工件的机械动能会被转化为工件之间的摩擦能量、形变能量以及因此产生的温度上升,进而实现工件在固态状态下的连接。

(二)超声波焊的特点

①在焊接过程中,焊件的温度上升较小,焊接时的内部应力和变形也相对较小,其接头的强度比电阻焊提高了 15％～20％。

②焊接材料的种类繁多,除了钢材,还可以焊接具有高导电性和高导热性的异种金属(例如银、铜、铝)和非金属材料(如云母、塑料等),这些材料的物理性质有很大的差异。

③在焊接前,对焊件的表面清洁要求相对较低,其电耗大约只是电阻焊的5%,因此焊接的成本也相对较低。

④缺点是焊接接头的设计受到焊极插入方式的制约,使得厚壁工件的焊接变得更为困难。

二、超声波焊的应用

该技术主要应用于无线电、测量仪器、高精度机械以及航空航天工业中的各种微型精密部件焊接,例如用于半导体器件的内部导线、电解电容器的铝箔与导线的焊接等;除此之外,在核能、化学、轻工业等领域,超声波焊接技术也被广泛应用于各类箔材、薄壁部件以及塑料和合成纤维的焊接工作中。

第八节　爆炸焊

爆炸焊是利用炸药爆炸产生的冲击力,造成焊件的迅速碰撞而实现连接焊件的一种压焊方法。焊缝是在两层或多层同种或异种金属材料之间,在零点几秒内形成的。焊接不需要填充金属,也不必加热。

一、爆炸焊的原理及特点

(一)爆炸焊的原理

以爆炸焊技术在金属复合板上的应用为例子。在小规模的实验环境下,平行法和角度法都是可行的选择,但在处理大规模复合板的爆炸焊接过程中,平行法更为常用。在平行法的条件下,间隙距离保持不变,但在角变法的情况下,它会发生变化。在炸药与复合板的中间,通常还需添加塑料板、纸板、水玻璃沥青或黄油作为保护层。这套系统一般位于地面上方,但在某些特定情况下,它会被放置在砧座之上。

在爆炸焊过程中,当放置在复板上方的炸药被雷管触发时,爆炸产生的波会以极快的速度在炸药层内传播。这种速度与炸药的种类、密集度和数量密切相关。紧接着,爆炸波所释放的能量与快速扩张的爆炸生成物的能量开始向各个方向扩散。当这两部分的能量向下传输至复板时,它会促使复板以高速向下移动。复板在缝隙中受到加速作用,最终与基板发生高速碰撞。当撞击的速度和角度达到适当的范围时,金属会在撞击的表面产生塑性变化,导致它们之间产生紧密的接触。同时,强烈的热效应也随之而来。此刻,金属在接触面上的物理特性与液态相似,并在碰撞前产生了射流。这样的射流作用能够清除复板和基板原始表面的污渍,从而让金属露出具有活性的清洁表面,为形成强固的冶金结合创造了有利条件。

在各种不同的焊接环境中,这两种金属的接触面展现出各自独特的形态。在撞击速度降至某一特定临界点以下的情况下,结合面通常呈直线形状,而在多数场合下,结合面则表现为波浪状。在波浪状的界面中,某些区域仅在波前存在漩涡区,而其他一些则在波前和波后都存在漩涡区。在漩涡区的熔融物中,有些是固态熔融物,有些是中间的化学物质,还有些是它们的混合体。这类熔融物通常具有坚硬和易碎的特性,但它们在界面上的断续分布对金属间的结合强度产生的影响远小于撞击能量过大时形成的连续层。当金属的结合面生成连续的熔化层时,其结合的强度和延展性都会显著下降。

(二)爆炸焊的特点

1.优点

①不只是在相同的金属中,还在不同的金属之间产生了高强度的冶金焊接连接。

②有能力焊接具有广泛尺寸范围的各类部件。

③爆炸焊的技术流程相对简洁,无需复杂的机械设备,所需的投资较少,并且使用起来十分便捷。

④无需使用金属填充,其结构设计选择了覆合板,这有助于节约珍贵且稀有的金属。

⑤焊接表面无需进行繁琐的清洁工作,仅需去除厚重的氧化物、氧化层和油脂。

2.缺点

①被焊的金属材料必须具有足够的韧性和抗冲击能力以承受爆炸力和碰撞。

②因爆炸焊时被焊金属之间高速射流呈直线喷射,故爆炸焊一般只适用于平面或柱面结构的焊接。复杂形状的构件受到很大的限制。

③大多在野外露天作业、机械化程度低、劳动条件差,易受气候条件限制。

④爆炸时,产生噪声和气浪,对周围有一定影响,虽然可以在水下、真空里或埋在沙子下进行,但是将增加成本。

二、爆炸焊的应用

爆炸焊技术在多个工业领域得到了广泛的应用,包括石油、化学、船舶制造、核能、航天、冶金、运输以及机械生产等。在实际使用中,它可以被应用于金属的包裹,赋予其特定的表面特性,同时也适用于生产各种过渡接头,确保其拥有出色的机械特性、导电能力和抗腐蚀特性。

在使用爆炸焊技术时,各种不同的金属组合展现出良好的焊接性能,如钛与钢、不锈钢与钢、铜与钢、铝与钢、铝与铜等组合。利用爆炸焊技术,我们还能把金属与陶瓷、塑料和玻璃结合在一起。

第九章　焊接技能操作实践

第一节　板对接碱性焊条仰焊

一、任务描述与解析

(一)任务描述

运用碱性焊条电弧焊的方法完成板—板对接仰焊,两板开 V 形坡口,焊接坡口角度为 60°,单面焊双面成形,最终达到表面质量 40 分以上,内部射线检测质量三级及以上。

(二)任务解析

①操作者穿戴好劳保用品,焊前进行工件清理,合理选择装配间隙及反变形。

②焊接参数选择(主要是焊接电流和推力电流)。

③每层每道焊缝的布局。

④每层每道焊缝的焊条角度。

⑤焊缝外观和内部符合质量要求。

二、任务实施

(一)焊接设备及材料

(1)焊机的型号为:ZX7—400;焊条干燥箱型号为:ZYH—20。

(2)焊接所用的焊条是 E5015,具体规格为 $\varphi3.2mm$ 和 $\varphi4.0mm$。在使用之前,焊条需要经过烘干箱进行烘干,然后在高温 350°C×2 小时后进行保温,可以根据需要取用。

（3）焊接试样的材料规格是 20 钢，并使用半自动切割机、刨床或铣床来制作图纸上所规定的坡口。

（4）包括工具面罩、敲渣锤、16in（1in＝25.4mm）板锉、锋钢锯条、专用錾子、钢丝刷、角磨机和活动扳手在内的工具。

（5）劳动保护装备包括工作制服、绝缘性鞋子、防护性眼镜以及焊接用手套。

（二）焊前准备

（1）为了清理焊件，我们使用电动角磨机来清除坡口以及其两侧内、外表面 20mm 范围内的油渍、锈迹、水分和其他杂质，直到其表面呈现出金属般的光泽。

（2）焊接部件的组装和定位研磨处理：使用角磨机对工件的坡口钝边进行修磨，修磨范围为 0～0.5mm。

组装过程中，根部的间隙在 4～5mm 之间，可以采用 φ4.0mm 的焊条芯来制作间隙装配工具。在焊接过程中，首先需要去除焊条的药皮并确保其清洁。然后，从焊条的中间位置用手将其折成"V"形或"U"形，并在"V"形或"U"形焊条芯的开口侧放置坡口根部并紧密贴合。在确保焊条芯没有错边的前提下，首先定位焊接件的一端，接着根据焊条芯的直径稍微打开另一端的间隙约 1mm，确保焊条芯没有错边，然后完成另一端的定位焊。

焊接定位：使用正式焊接的焊条在两端进行定位焊，焊缝的长度应控制在 10～15mm 之间，但最大长度不应超过 20mm。在进行定位的过程中，需要注意一些小技巧和问题：首先确定一端的位置，然后再确认另一端的位置，避免错边，并确保焊缝位于坡口的正面。

在处理定位焊缝时，工件的始焊点和终焊点的定位焊缝都被用角磨机或专门的錾子修整成斜面，这样可以更方便地控制焊缝的起头和收尾处的形状。

反变形定义为：反变形的角度在 2°至 3°之间（在没有特定工具的情况下，仅需用裸眼看到反变形的存在即可）

(3)关于焊道的设计和操作方法,工件是通过四层焊接来完成的,这四层分别是:底层打平、填充层 1、填充层 2 以及盖面层。

在焊接过程中,底部采用了断弧焊接方法,而填充层 1 和填充层 2 则是通过连弧和锯齿摆动的方式进行焊接,盖面层则是通过断弧和摆动的方式进行焊接。

(三)焊接

(1)打底层。

①调整电流,然后在引弧板上进行试焊,并进行必要的细微调整。

②在定位焊缝上进行引弧处理,接着焊条在始焊位置的坡口内进行轻微的横向快速摆动。当焊接到定位焊缝的尾部时,需要稍作预热,然后将焊条向上推一下,听到"噗噗"的声音,这表明坡口的根部已经焊透,第一个熔池已经形成,并且在熔池前方形成了向坡口两侧深入 0.5～1mm 的熔孔,接着焊条向斜下方灭弧。

操作的关键在于:灭弧的动作必须迅速而准确,同时要确保焊条始终朝上倾斜,通过电弧的吹动,可以有效地控制金属背面的凹陷;灭弧的频率应控制在每分钟 40～50 次之间,焊接过程中要确保熔池的温度和体积都得到良好控制,点焊的速度要迅速,向上推进的时间长度也要适中,这样可以防止焊缝金属的下坠,从而避免背面出现凹坑。焊接时,每一次的接弧位置都必须精确,焊条的中心应与熔池前端和母材的交接位置对齐。如果距离熔池过远,可能会导致熔孔扩大、成型控制困难或焊点间的连接不够紧密;如果焊条与熔池的距离过近,它可能会粘附在熔池上,从而导致重新起弧变得困难。在替换焊条接头的过程中,首先将接头设计为斜面,接着按照定位点起弧的方法进行焊接;在焊接的过程中,我们需要确保熔池的形态和尺寸大致相同,确保熔池中的金属是清楚且明亮的,并确保熔孔始终深入到每侧母材的 0.5～1mm 范围内。在打底层焊道时,应确保其外观平滑,以防止焊缝的中部过度下沉,从而为填充层的焊接制造难题。

(2)填充层 1 清除打底焊熔渣及飞溅物,修整局部凸起接头。

操作指南:在焊接过程中,焊缝的起始端应起弧,并使用短弧的横向锯齿形运条法进行焊接。焊条应摆动至两侧坡口与焊缝交接处(即夹角位置),并应稍作停留。在焊缝中心,摆动速度应加快,主要目的是填充夹角位置的焊缝金属,以形成较薄的焊道。这样做的目的是解决焊缝夹角位置的夹渣或未熔合问题,并改善填充层焊缝的成型状态。

(3)填充层2清除上层焊道熔渣及飞溅物,修整局部凸起接头。

操作指南:在焊接过程中,当焊缝的起始端开始起弧时,应使用短弧的横向锯齿形或月牙形的运条焊接方法。焊条在两侧坡口摆动时,应保持一定的静止,并确保在焊缝中央的摆动速度稍微快一些。在完成填充层之后,盖面层需要保留 0.5~1mm 的焊接量,不能过多,否则可能会导致夹渣、咬边、未熔合等问题;焊接时,焊缝的余高不能过低,导致两层母材的熔合宽度难以精确控制。

(4)盖面层清除填充层熔渣及飞溅物,修整局部凸起接头。

操作指南:盖面层的设计采用了断弧方法,其主要目标是为了解决咬边问题、焊缝的余高以及高度差超出规定范围的问题;焊缝的始焊端头开始起弧,并使用短弧进行横向摆动;迅速替换焊条是必要的;在坡口的一侧产生电弧,而在另一侧稍作暂停,接着向焊缝的中心区域回带收弧,以确保坡口两侧的母材能够熔化 1~2mm。

(5)注意问题和小技巧。

反变形的幅度与定位焊缝的长度密切相关,焊缝长度越长,反变形的角度就越小。

打底层使用直流正接技术,而填充层和盖面层则使用直流反接,这样做的目的是为了控制背面焊缝的凹陷和焊缝内部的气孔。

接头与定位焊缝必须经过适当的处理,将其设计为斜坡形状,以方便接头的连接。完成每一次后,都需要对焊缝的表面进行修整,特别是在高位置,必须将其移除。

填充层1的主要任务是处理焊缝的尖锐部分,在运条过程中两侧需要稍作暂停,而中间部分则需迅速处理。

填充层 2 的主要目的是为盖面层预留适当的焊接量,并对焊接速度进行控制。

点焊的频率在盖面层上需要加快,而跨步的幅度也应适当增大,以确保表面高度的稳定性。

焊接完成后,必须确保焊缝被彻底清洁,以防止焊接过程中出现内部缺陷。

使用碱性焊条时,容易形成气孔。为了解决这个问题,我们需要按照规定对焊条进行烘干,并使用短弧焊接方法,避免拉伸长弧。起弧点的位置应与焊接位置保持适当的距离(因为气孔容易在接头和焊件的两端形成),一旦发现气孔,必须确保其被彻底清除后再进行焊接。

在游戏的尾声部分,务必确保填满了弧形的坑洞。

三、知识链接

(一)低氢型焊条简介

碱性焊条也被称为低氢型焊条。碱性焊条具有出色的脱硫和脱磷性能,同时其药皮也具有去氢功能。由于焊接接头的氢含量极低,因此也被普遍称作低氢型焊条。碱性焊条焊接时,焊缝展现出出色的抗裂和力学特性,但其工艺表现并不理想,通常采用直流电源进行焊接,这主要适用于如锅炉、压力容器和合金结构钢等关键结构的焊接工作。

(二)低氢型焊条焊接特性

在焊接船舶的关键部分和桥梁等具有高强度、高刚性和大厚度的部件时,通常使用低氢型焊条。这种焊条的主要成分是碳酸盐和氟石,它的熔敷金属具有出色的抗裂性、高冲击韧度和塑性等综合机械性能,可以进行全位置焊接,焊接材料通常是中碳钢和低合金钢。然而,低氢型焊条在焊接工艺性能上表现一般,特别是对气孔的敏感度较高,这对焊接的质量产生了负面影响。

(三)低氢型焊条气孔预防措施

(1)当选择坡口形状的板材厚度超过 20mm 的对接焊缝时,建议使用 U 形或双边 U 形坡口,而不是 V 形或 X 形坡口。由于 V 形或 X 形坡口根部的夹角相对较小,焊条的端部不太可能靠近坡口根部,这常常会在打底焊过程中导致电弧偏吹,从而产生夹渣、未焊透或产生气孔。鉴于 U 形坡口的根部与焊条的端部有较大的接触面积,这使得焊接更为方便,并能确保底部焊缝的高质量,因此建议使用 U 形或双边 U 形坡口。

(2)确保坡口的清洁程度直接关系到焊接的品质,因此在坡口完全打开后,焊接应当立刻进行。如果坡口因其他因素未能及时焊接,那么在开始正式焊接之前,应重新对坡口进行清洁。若发现有锈迹,应使用手动砂轮机进行打磨;若有粉尘,则应彻底清除;若有水分,则应进行烘干处理。

(3)我们应当努力避免电弧的偏吹,因为这种偏吹可能导致电弧燃烧的不稳定性,从而引发焊缝出现气孔或焊透的问题。为了有力地避免电弧的偏吹现象,我们通常会选择如下的技术手段:1.采用直流反接技术。2 使用的是直径较小的焊条。3 号电流的值不应该过高。4 个低压电弧。在进行 5 次焊接操作时,避免与强烈的气流接触。

(4)当选择合适的焊接电流来使用碱性低氢型焊条进行焊接时,其产生的焊接电流相对于酸性焊条焊接要稍微小一些。当电流过高时,熔池的深度会增加,从而导致冶金反应变得更为激烈。当合金元素遭受严重烧损时,气孔的生成变得非常容易。

(5)如果选择使用短弧焊而不是长弧焊接,由于金属熔滴与熔池之间的过渡距离过长,这可能增加外部空气进入焊接区域的机会,从而提高气孔生成的风险。因此,在进行焊接操作时,必须始终使用短弧焊技术,这是避免气孔生成的关键步骤,绝对不能被忽略。经验表明,在使用低氢型焊条进行焊接的过程中,弧长应当小于焊条的直径。当技术娴熟时,焊条的末端可以紧贴熔池中的金属,这种方式可以确保焊接的高品质。

(6)在电弧高温条件下,由于空气中的氧气、氮气和氢气等气体分子具有高度的吸热和分解活性,因此建议使用直线形运条法。如果焊条的摆动幅度过大或焊道过宽,这将为它们进入熔池提供有利的环境条件。因此,在焊接宽坡口的过程中,焊条的横向摆动幅度不应超过 15mm,并且应主要采用直线形运条法。

（7）合理地进行引弧和收弧是避免气孔生成的其中一个有效手段。在进行引弧操作时，焊条的端部应在引弧板上持续燃烧 5～6s。当电弧达到稳定状态后，首先需要将其转移到工件端部大约 10mm 的位置，接着再将其拉回到端部进行焊接。当电弧即将熄灭时，应努力缩短电弧的长度。当到达终点时，首先在终点处绕行 2～3 圈，接着再把电弧回到已经焊接好的焊缝上进行收弧。

(四)低氢型焊条药皮的重要性

焊条药皮的成分对电弧的稳定性产生显著影响，这是因为电弧气氛的组成是由焊条药皮的成分所决定的，而低氢型焊条电弧的稳定性则直接受到电弧气氛成分的影响。电弧在气氛中的有效电离电位越低，其放电过程就越稳定。因此，电弧的稳定性不仅与药皮中添加的大理石、金红石、钛铁等具有稳定电弧作用的成分有关，还与药皮中加入的含有反电离元素的氟化物有关。如果氟化物的浓度过高，电弧的稳定性可能会受到损害。然而，在焊接冶金过程中，氟石具有出色的稀渣和去氢功能，这是不可替代的。

(五)注意事项

（1）药皮中应该包含一些元素，这些元素能够帮助药皮成分减少烟尘，不仅可以减少烟尘的数量，还可以使其毒性达到一定的水平。

（2）为了获得与待焊接工件相似的焊缝结构和特性，药皮需要在焊缝中过渡一些合金元素。

（3）在药皮中，应当加入适当的碳酸盐、氟化物等成分，这些成分在焊接过程中的冶金功能能够起到脱硫、脱磷和去氢的作用，从而提升焊缝的纯净度。

（4）在制定药皮配方的过程中，焊接施工的特性是不可忽视的。我们需要确保焊条在所有位置都能进行焊接，以保证其出色的工艺性能，并最关键的是，这样可以减少尘埃的产生和烟尘的毒性。

（5）为了让结构钢的低氢型焊条达到低尘、低毒的工艺性能，在其药皮组分中绝对不能加入任何有机物质。这样做是为了阻止氢的生成,限制焊缝金属中氢的扩散含量,确保焊条达到低氢的标准,并保持低氢型焊条的良好力学性能。

第二节　管对接斜 45 度固定药芯二氧化碳气体保护焊

一、任务描述与解析

(一)任务描述

通过对管对接斜 45°固定焊接的练习,让操作者能够在规定时间内独立完成该项目并保证焊接质量能够达到要求。

试件的规格型号:φ133mm×10mm×100mm;技术标准、质量要求:单面焊双面成形,射线检测质量三级及以上。

(二)任务解析

(1)操作人员需穿戴适当的劳保用品,并在焊接前对工件进行彻底清洁,同时还需设定合适的装配间隙。

(2)关于焊接的参数选择。

(3)对于每一层的焊缝,都进行了成型和处理。

(4)进行质量的检验。

二、任务实施

(一)焊接设备及材料

(1)焊机的型号为:NB350。

(2)焊接所用的材料焊丝为:E501T;尺寸规格为:φ1.2mm;二氧化碳气体的纯净度必须达到或超过 99.5%。

(3)焊接试样的材料规格是 20 钢,并按照车床的设计图纸要求进行坡口加工。

(4)工具面罩、敲渣锤、16in 板锉、锋钢锯条、专用錾子、钢丝刷、角磨机、直磨机和活动扳手等。

(5)劳动保护装备包括工作制服、绝缘性鞋子、防护性眼镜以及焊接用手套。

(二)焊前准备

(1)为了清理焊件,我们使用电动角磨机和直磨机来清除坡口及其两侧内、外表面 20mm 范围内的油污、锈蚀、水分和其他污物,直到金属表面呈现出光泽。

(2)焊接部件的组装和位置确定。

研磨处理:利用角磨机对工件的坡口钝边进行修磨,使其达到 0.5～1mm 的尺寸。

组装步骤:使用 φ4.0mm 焊条作为组装工具,首先清除焊条上的药皮,然后将焊条折叠成 V 形,并将其固定在两根管子的坡口之间。

焊接定位:在时钟的 10 点和 2 点位置进行定位焊,这种定位焊与正规焊接相同,其焊缝的长度范围是 10～15mm。

处理定位焊缝的方法是:使用角磨机或专门的錾子将定位焊缝磨成斜坡状,这样更方便进行起头、接头和收尾工作。

在反变形过程中,始焊点之间的空隙是 3.5mm,而终焊点的空隙则是 4.5mm。

(3)关于焊道的设计和操作方法。

该工件是通过三个不同层次的焊接来完成的,这三个层次分别是底层打平、填充层和覆盖层。

每一层都是通过断弧焊接技术来完成的。

(三)焊接

45°固定管的焊接位置位于水平固定管与垂直固定管的中间位置,其操作方法与前两种方式有许多相似之处,整个焊接过程被分为两个部分来完成。每一个半圈都涵盖了斜仰焊、斜立焊和斜平焊这三个不同的焊接位置,这无疑增加了焊接的复杂性。

（1）打底层。

①在引弧板上进行试焊操作，以调整焊接电流和电弧电压。

②打底焊方法是在仰焊位置的6点前5～10mm位置点燃电弧，然后在始焊位置的坡口上下轻微摆动来进行搭桥焊，从而形成一个小的定位点。在这个时候，定位点需要变小，并且需要进行相应的处理。

操作的关键步骤是：将焊丝对准小的定位点进行引弧，当听到"噗"的声音时，它会横向摆动，使两侧的坡口熔化，形成一个微小的熔孔，然后灭弧，从而形成第一个焊点。在冷却完成后，焊丝在熔池的前端重新开始起弧，形成了第二个焊点。接着，需要精确控制焊枪的高度和灭弧频率，并注意随时调整焊枪的角度进行焊接。当焊接到达立焊位置时，应迅速改变焊工的体位，并继续焊接至12点后结束电弧。接下来，执行后半部分的焊接操作，该方法与前半部分保持一致。

（2）填充焊认真清理打底层焊道熔渣，修磨凸出部分，尤其是下半部分和接头处。

操作指南：焊接填充层的焊接技术与立向上焊有许多相似之处，焊枪的摆动幅度稍微大于打底层，两端需要有适当的暂停，以确保两侧能够顺利熔合。坡口上的棱边不应被熔化，而应保留给盖面层进行焊接。由于11点至1点的位置近似于平焊位置，填充层一层很难达到预定高度，因此在11点至1点的位置需要进行二次填充操作。

（3）盖面焊认真清理填充层熔渣，处理接头（高点剔除），填充层下半部凸出的部分也要剔平。

操作要领：焊接方法和焊枪角度同填充层。

（4）注意问题和小技巧。

在开始焊接之前，首先需要形成一个较小的定位点，然后根据这个定位点来进行后续的处理和焊接工作。

焊枪的底部角度和焊丝的指向位置需要进行调整：在焊接从3到6再到9的过程中，焊丝点应位于熔池的前端，尽量靠前，但以焊丝不穿透为标准，焊枪的角度应稍微直一些；在焊接从9到12再到3的过程中，焊丝应位于熔池的中心位置,并且焊枪的角度需要稍微倾斜。

在打底层和盖面层的接头高点以及管子的下半段凸出部分时,必须进行适当的剔除处理,以尽量使焊缝的中心部分稍微凹陷,从而使坡口与焊缝的交接区域能够实现平滑过渡。

在进行填充层焊接的过程中,为了确保焊缝与坡口接合处的熔合效果更佳,焊接电流和电弧电压应适当高于打底层的参数,特别是电弧电压应稍微高一些,这样熔合的效果会更为显著。

在进行盖面层或填充层的下半圈焊接时,应确保跨步尺寸较大,而上半圈的跨步尺寸应较小,这样可以确保整个焊缝的高度保持一致。

在进行盖面层接头的时候,需要在接头位置进行打薄和斜坡的处理。

三、知识链接

(一)药芯焊丝的特点

采用药芯焊丝作为熔化极的电弧焊技术被称为药芯焊丝电弧焊。这种技术因其出色的工艺性能、高的力学性能、快速的熔敷速度、优质的焊接效果以及低的综合成本而得到了广泛的应用。

药芯焊丝气体保护焊,也被称为管状焊丝气体保护焊,是一种使用药芯焊丝作为电极和填充材料,并采用 CO_2 或 $CO_2 + Ar$ 作为保护气体的焊接技术。相较于实芯焊丝气体保护焊,药芯焊丝的主要不同之处在于其内部填充了焊剂或者是金属粉末的混合物。

药芯焊丝和实芯焊丝的共通之处是:相较于焊条电弧焊,它们有可能达到更高的焊接效率。实现自动焊接和机械化焊接变得相对容易。可以直观地看到电弧现象,这有助于更好地控制焊接的状态。其对风的抵抗力相对较弱,存在着防护措施不足的风险。

与实芯焊丝相比,药芯焊丝具有以下的优势和劣势:

它能够焊接各种类型的钢材,具有很强的适应能力。调节焊剂的组成和比例是非常简单和便捷的,能够满足焊缝化学成分的需求。

其工艺表现出色,焊缝的形状也十分吸引人。通过结合气渣的保护措施,实现了优良的成型效果。通过添加稳弧剂,可以确保电弧的稳定性和熔滴的均匀过渡。飞溅的情况很少,而且粒子很细,容易被清理掉。

熔敷的速度非常迅速,从而提高了生产的效率。在相同的焊接电流条件下,药芯焊丝展现出更高的电流密度和更快的熔化速率,其熔敷效率介于85%至90%之间,其生产效率是焊条电弧焊的3至5倍。

全位置焊接可以通过较高的焊接电流来完成。制作焊丝的过程既复杂又需要较高的成本。在焊接过程中,与实芯焊丝相比,送丝更为困难。由于焊丝的表面极易出现锈蚀现象,同时药芯也容易吸湿,因此有必要对药芯焊丝进行严格的储存管理。

(二)药芯焊丝的种类

(1)按焊丝结构分可分为无缝焊丝和有缝焊丝两类。

①无缝焊丝是由无缝钢管压入所需的粉剂后,再经拉拔而成,这种焊丝可以镀铜,性能好、成本低。

②有缝焊丝按其截面形状可分为O形、梅花形、T形、E形和中间填丝形等。

(2)按保护方式分可分为外加保护和自保护药芯焊丝。

①外加保护的药芯焊丝在焊接时需外加气体或熔渣保护。

②自保护药芯焊丝是依赖药芯燃烧分解出的气体来保护焊接区,不需外加保护气体。焊接时,药芯产生气体的同时,产生的熔渣也保护了熔池和焊缝金属。

(3)按药芯性质分药芯焊丝芯部粉剂的组分与焊条药皮相类似,一般含有稳弧剂、脱氧剂、造渣剂和合金剂等。

①如果粉剂中不含造渣剂,则称无造渣剂的药芯焊丝,又称金属粉型药芯焊丝。

②如果含有造渣剂,则称为有造渣剂药芯焊丝或粉剂型药芯焊丝。

(4)按焊丝金属外皮所属材料分可分为低碳钢、不锈钢以及镍药芯焊丝。

(三)药芯焊丝的工艺参数

(1)药芯焊丝的焊丝直径有多种规格,包括 1.2mm、1.4mm、1.6mm、2.0mm、2.4mm、2.8mm 和 3.2mm 等。焊丝的直径是根据板材的厚度来决定的,随着板材厚度的逐渐增加,焊丝的直径也应相应地适当扩大。

(2)与传统的熔化极气体保护焊方法相比,药芯焊丝可以使用更大的焊接电流,因此电弧电压需要与焊接电流进行适当的匹配。鉴于药芯焊丝中含有稳弧剂,与实芯焊丝的二氧化碳气体保护焊方法相比,在相同的焊接电流条件下,药芯焊丝的电弧电压可以适当降低。

在药芯焊丝的气体保护焊过程中,焊接电流和电弧电压对焊缝的几何形态(如熔宽和熔深)的作用与实际焊丝的效果是相似的。在其他变量保持不变的情况下,焊接电流与送丝速度呈正相关。

(3)在气体保护焊中,焊丝的干伸长通常在 15～25mm 之间,这是由焊丝干伸长药芯焊丝实现的。在焊接电流低于 250A 的情况下,干伸长范围是 15～20mm;而在 250A 或更高的情况下,干伸长范围是 20～25mm。

(4)焊接的速度不仅会影响焊缝的形状,同时也会对焊接的质量产生影响。在进行药芯焊丝的半自动焊接过程中,焊接的速率一般落在 30～50cm/min 的范围内。

(5)正确的气体流量是由焊枪喷嘴的形状和直径、喷嘴与工件之间的距离,以及焊接的环境条件共同决定的。在静止的空气中,气体的流速通常在 15～20L/min 之间,但如果空气流动或喷嘴与工件的距离较远,那么流量应当适当增加。

第三节　小直径不锈钢管水平固定障碍钨极氩弧焊

一、任务描述与解析

(一)任务描述

完成小直径不锈钢管水平固定加障碍的钨极氩弧焊,焊缝外观和内部质试件的规格型号:$\varphi 60mm \times 5mm \times 100mm$;技术标准、质量要求:单面焊双面成形,射线检测质量三级及以上。

(二)任务解析

精确地解读任务的图纸。

操作人员需穿戴适当的劳保用品,并在焊接前对焊件进行严格的清洁,以确定装配过程中的间隙和可能出现的反变形。

关于焊接的参数和设备的调整。

关于焊道的布局和焊枪的角度。

焊接部分的外部和内部品质都满足了既定的要求。

二、任务实施

(一)焊接设备及材料

(1)该设备型号为 WS－315 型的手工钨极氩弧焊机和水冷式焊枪,还配备了两套供气系统。

(2)焊接所用的材料焊丝为 ER308L,其规格分别是 $\varphi 2.0mm$ 和 $\varphi 2.5mm$;Wce－20 铈钨极的规格是 $\varphi 2.5mm$,其端部被磨成了 30°的圆锥状;氩气的纯净度必须达到或超过 99.99%。

(3)焊接试样所使用的材质是 304 不锈钢管,并按照车床的设计图纸要求进行坡口加工。

(4)工具包括半圆锉、锋钢锯条、特制錾子、钢丝刷、角磨机、直磨机、可移动扳手、头盔式面罩、铝箔胶带、硬纸板和防水胶布等。

(二)焊前准备

(1)为了清理焊件,我们使用电动角磨机和直磨机来清除坡口及其两侧内、外表面 20mm 范围内的锈迹、氧化层和其他杂质,直到金属表面呈现出光泽,然后使用丙酮对该区域进行擦拭。

(2)工件组装和定位。

研磨处理:利用角磨机对工件的坡口钝边进行修磨,修磨范围为 0～0.5mm。

组装过程:根据选择的焊丝直径来确定间隙(使用 φ2.0mm 焊丝作为填充材料,装配间隙则使用 φ2.0mm 焊丝作为装夹模板,间隙比 2.0mm 稍大;使用 φ2.5mm 焊丝作为填充材料,装配间隙则使用 φ2.5mm 焊丝作为装夹模板,间隙比 2.5mm 稍大)。

焊接定位:在时钟的 11 点位置进行定位焊,这种定位焊与正规焊接相同,其焊缝的长度为 10mm。在焊接过程中,管子内部填充了氩气作为保护。管子的一端被铝箔胶带封闭,并形成了均匀的小孔,而另一端则被硬纸板封住并粘合。在管子的中央,开设了一个与氩气胶管直径相同的孔,然后将胶管插入并注入氩气。在两根管子之间,焊丝被卡住,坡口被铝箔胶带密封,只保留定位焊点的位置而不密封,然后调整参数和气体流量,进行定位焊缝的焊接。

关于定位焊缝的处理:若定位焊缝未受到氧化影响,可以使用角磨机或专门的錾子将其打磨成斜面,这样更便于焊缝的起始和结束。但若定位焊缝发生氧化,则需要移除它并重新进行焊接。

(3)焊道的布局及操作方式。

该工件是通过三个不同层次的焊接来完成的,这三个层次分别是底层打平、填充层和覆盖层。

在大多数操作中,我们使用摇把焊技术,而在遇到障碍的地方则选择端把焊方法。通过使用半蹲位焊接技术,焊缝被划分为两个半圆形结构。起弧的位置位于时钟的 6—7 点之间。

(三)焊接

(1)做好准备工作。将组装完成的工件固定在操作架上,管道的一端注入氩气以实现充氩保护,而另一端则使用铝箔胶布进行密封,并在其上扎出均匀的小孔。在后半部分,管子的坡口位置使用铝箔胶布进行封堵,而前半部分则保持密封。

需要调节焊接电流,并确保正确设置引弧电流、收弧电流、提前送气的时间以及滞后停气的时间等关键参数。

(2)在打底焊的管道中,氩气被充满。调整身体的角度后,从 6—7 点的中心位置开始进行引弧,并对坡口的两侧进行加热。当钝边融化形成熔池时,就可以进行填丝焊接,首先焊接前半部分,焊接电弧的长度应控制在 3~4mm 之间。

操作的关键步骤是:在 7→6→5 的位置使用内部填丝和端把焊,确保焊缝的根部不出现凹陷,而在其他地方则使用外部填丝和摇把焊的方法。底部焊接的关键环节是 6 点和 12 点的连接部位,由于受到障碍物的制约,这里的焊枪喷嘴很难接近,但可以通过增加钨极的伸出距离来解决这个问题;当从时钟的 5 点位置焊接到 4 点区域时,焊丝应该被放置在熔池的 1/3 位置,并伴随着向上的推进动作;当从时钟的 4 点位置焊接到 2 点区域(或者从 8 点到 10 点)时,焊丝应该被送到熔池的四分之一位置,并且焊接的速度应该比仰焊的速度快一些。当从时钟的 2 点位置焊接到 12 点(或从 10 点焊接到 12 点)的区域时,焊丝被送到熔池的 1/5 位置,并且焊接的速度稍微快于立焊的速度;当与定位焊缝连接并进行收弧操作时,需要连续注入几滴填充金属,并将电弧移至坡口一侧以实现衰减收弧。

(3)在焊接修磨过程中,对局部凸出的区域进行填充,并增加背面注入氩气的流速。操作指南:焊枪应尽量接近障碍物,在时钟大约 6 点的位置开始焊接,然后开始使用端把焊,锯齿会摆动,当错开障碍物后,使用摇把焊;在进行仰焊的过程中,每一次需要填充的金属数量应尽量减少,以防止焊接部位的金属发生下沉;在进行立焊的过程中,焊枪的摆动速度需要加快；在进行平焊的过程中，需要添加更多的填充金属。

（4）对于盖面焊修磨过程中出现的局部凸起焊缝，应等待焊缝稍有冷却后，再继续进行焊接操作。操作指南：确保焊枪尽可能接近障碍物，并与填充层保持一致。当盖面焊缝的最后接头被封闭时，应持续向前焊接，并逐步减少焊丝的填充量，以减少电弧的熄灭。

（5）请留意问题并掌握一些小窍门。

①在装配过程中，间隙的大小需要与填充焊丝的直径相匹配。

②填丝方法包括内部填丝（以防止仰焊位置焊缝出现内凹或未熔合现象）和外部填丝。

③在进行填充和盖面焊接的过程中，焊丝紧贴熔池的前端。

④在进行填充和盖面焊接的过程中，必须密切关注各层之间的温度，以防止过高的温度导致严重的氧化和颜色变化。

⑤在管道内部充入氩气进行保护的过程中，底部的流量不应过大，因为这可能导致焊缝内的金属因保护气体的压力而产生内凹。在填充和盖面焊接时，应增加管道内部的氩气充入量，这样做的目的是为了冷却焊缝金属并防止其氧化。

⑥在进行填充焊的过程中，需要确保盖面层有 $0.5 \sim 1mm$ 的焊接余量。

三、知识链接

（一）不锈钢简介

（1）分类。

根据其化学构成，可以将其分类为铬不锈钢，例如 1Cr13 和 2Cr13；例如 1Cr18Ni9Ti 这样的铬镍不锈钢。

从结构上分类，铁素体不锈钢，例如 Cr17（其 wc1 占比超过 16%），具有磁性特性；对于马氏体不锈钢，例如 2Cr13 和 3Cr13，它们具有弱磁性，但并不具备磁性；奥氏体不锈钢，例如 1Cr18Ni9Ti（包含铬和镍），是应用范围最广的材料。

（2）在不锈钢中,铬是最关键的元素,但根据性能的要求,还需要加入一些其他的合金元素,例如 Ni、Mo、Ti、Nb 等。氧化铬形成的致密薄膜为钢材提供了保护,避免了其内部的进一步腐蚀。根据电位腐蚀的理论,铬的耐腐蚀能力会随着其含量的增加,如 13％、17％、25％,而呈现出跳跃式的增长,因此不锈钢中的铬含量主要集中在这些特定的比例上。由于碳与铬的化学结合会导致铬失去其耐腐蚀特性,尤其是在晶体之间更容易发生腐蚀,因此几乎所有的不锈钢都是低碳和超低碳的。通过添加 Ti 或 Nb,可以优先与碳进行化学反应,以确保铬元素的有效含量得到保障。其他元素的影响可以分别转化为铬的当量和镍的当量。奥氏体不锈钢通常具有非磁性特性,其线膨胀系数大约比碳素钢高出 50％。然而,马氏体不锈钢和铁素体不锈钢的热导率相对于碳素钢要低大约 1/2,其线膨胀系数与碳素钢大体一致。

通常情况下,不锈钢需要经过热处理才能投入使用;在淬火和回火的过程中,马氏体不锈钢得到了应用;在退火过程中,铁素体不锈钢得到了应用;奥氏体不锈钢是在固态溶解的条件下被应用的。固溶处理涉及将奥氏体不锈钢和铁素体不锈钢分别加热至 1050～1080℃ 和 1050℃,然后按照工件的截面尺寸进行 2～4 小时的保温,以促使铬的碳化物重新扩散并溶入固溶体。接着,将钢迅速放入水或油中进行冷却,这样碳化铬就无法及时析出,从而增强了其抗晶间腐蚀的能力。

(二)铬镍奥氏体不锈钢的焊接

1. 铬镍奥氏体不锈钢的焊接缺陷

（1）晶间腐蚀:产生原因为晶间贫铬。

解决之道:严格地控制碳的含量;在钢材和焊接材料中加入稳定剂和钛、铌,这是因为钛和铌与碳的亲和性超过了铬与碳的亲和性;首先进行固溶处理,然后在加热之后迅速冷却;使用了双相结构 A＋F(其中铬在 F 中的扩散速率较高);提高冷却的速率。

（2）焊接热裂纹产生的主要原因是铬镍奥氏体不锈钢的导热系数仅为碳的一半,但其线膨胀系数远大于碳,这导致了焊接过程中的应力增加;在铬镍奥氏体不锈钢中,元素如碳、硫、磷、镍等会在熔池里形成具有低熔点的共晶体;铬镍奥氏体不锈钢在液态和固态下的结晶温度范围较大,且存在明显的偏析问题。

解决方案是使用双相组织 A+F;选择合适的焊接方法:使用碱性焊条,采用小电流,快速焊接,在收弧时尽可能填满弧坑,并使用氩弧焊作为基底。

2.铬镍奥氏体不锈钢的焊接工艺

(1)当焊条电弧焊的板厚超过 3mm 时,可以采用等离子技术或机械方法来加工开坡口,并在焊缝的两侧 20～30mm 范围内使用丙酮清洁并涂抹白垩水。酸性焊条 E0－19－10－16(A102)的使用频率最高;碱性焊条 E0－19－10NB－15(A137)具有很高的抗裂能力,但其成型效果并不理想。与相同直径的碳素钢焊条相比,焊接电流减少了 20%,实现了快速焊接且不会产生摆动。在进行多层焊接的过程中,需要严格控制各层之间的温度,直到前一层焊缝的温度降至小于 60℃,然后再进行下一层的焊接。

(2)氩弧焊是一种广泛应用于不锈钢焊接过程中的技术。

(3)埋弧焊过程中,所使用的焊丝材料是不锈钢,而焊剂的种类包括 HJ172 等。

(4)在气焊过程中,火焰表现为中性的火焰;使用左侧焊接技术,使得喷嘴与工件之间的角度在 40°至 50°之间;焰芯与熔池之间的距离应当小于 2mm;焊丝的端部与熔池产生接触;使用 CJ101 作为气焊熔剂。

第四节　管对接水平固定氩电联焊

一、任务描述与解析

(一)任务描述

经过对管对接水平固定氩电联焊技术的实践,使得操作人员能够在规定的时间范围内,使用氩弧焊和焊条电弧焊这两种焊接方式,独立地完成管对接水平固定的焊接任务,同时也能满足预定的标准。

试样的尺寸规格为:$\varphi 159mm \times 8mm \times 150mm$;技术规格和质量标准:采用单面焊接和双面成型技术,同时射线检测的质量必须达到三级或更高。

(二)任务解析

(1)操作人员需穿戴适当的劳保装备,并在焊接前做好所有必要的准备工作,这包括焊接材料、试样的组装、钨极以及喷嘴的相关规定。

(2)如何选择焊接的参数。

(3)选择氩弧打底焊填丝的技术方法。

(4)了解打底焊过程中焊丝与焊枪角度的变动情况。

(5)了解在填充和盖面焊接过程中焊条在各个位置的角度。

(6)对于每一层焊缝,都有特定的成形标准。

(7)进行质量的检验。

二、任务实施

(一)焊前准备

(1)两件规格尺寸为 $\varphi 159mm \times 8mm \times 150mm$ 的 20 钢管材,其坡口的角度范围是 $30° \pm 2.5°$。使用氩弧焊丝作为焊材,选择 $\varphi 2.5mm$ 的 H08Mn2SiA,而 $\varphi 3.2mm$ 则用于填充和盖面焊接经过烘干的 E5015 焊条被放置在保温筒里以备后用。这个喷嘴是由 $\varphi 8 \sim \varphi 10mm$ 的圆柱形陶瓷制成的,选用了 $\varphi 2.5mm$ 的铈钨极,并将端头磨成锥形,钨极的伸出长度在 $4.0 \sim 6.0mm$ 之间。一瓶氩气气体,其纯度达到或超过 99.99%。

(2)在焊接之前,需要清除坡口及其附近 20mm 范围内的油、污、水、锈等杂质。在打磨过程中,要确保坡口的角度和钝边的尺寸不被破坏,直到其呈现出金属般的光泽。

（3）技术标准单面焊双面成形。

(二)装配要求

坡口钝边为 0.5～1.5mm，根部间隙 2～4mm，将间隙稍大的部分放于平焊位置，装配错边误差≤1mm，采用与氩弧焊管对接截面的 3 点、9 点偏上位置和 12 点位置进行三点定位焊接。定位焊缝长度为 10～15mm，定位焊点厚度不超过 4mm，且两端预先打磨成斜坡，以便于接头。

(三)焊接操作

焊接层次为打底焊一层、填充焊一层、盖面焊一层，共三层三道。

（1）在进行打底焊或打底焊的过程中，需要将其分为左右两个部分来执行。在管道的对接横截面上，从时钟 7 点的位置（焊接的右半圈）和时钟 5 点的位置（距离中心轴线 10mm（焊接的左半圈）开始进行引弧操作。为了确保钨极与管道轴心保持垂直，并提高操作的稳定性，可以将焊枪喷嘴的外缘顶在管件坡口的内侧作为支点，然后左右摆动焊枪，沿着管件坡口向前匀速移动焊接。钨的极端部分应与坡口面的距离大约在 1～2mm 之间。通过使用高频引弧装置来点燃电弧，在引弧完成后，首先不进行焊丝的添加，直到根部的钝边融化形成熔池，然后再开始进行填丝操作。

如果根部的空隙超过了焊丝的直径，那么可以考虑使用内部填充的丝。在使用外填丝焊接的过程中，焊丝的前端可以依靠坡口一侧，这样可以防止焊丝前端在焊接过程中产生颤抖，从而避免因送丝不准确和焊丝、钨极碰撞导致的烧钨现象。焊枪与工件之间的切线角度应维持在 70° 至 90° 之间，而焊枪与钨极之间的角度通常应为 80° 至 90°。在焊接过程当中，为确保氧化焊丝的端部始终位于氩气的保护区域之内。在进行仰焊位置的底部焊接时，应当降低电弧的高度，并在打开熔孔之后，紧贴坡口根部进行送丝操作。在爬坡焊的过程中，背面焊缝容易产生超高缺陷，因此需要注意电弧的前进速度不能太慢，熔孔的大小也不能过大。在平焊区域，背面焊缝容易出现超高和未焊透的缺陷。因此，应仔细观察熔池和熔孔的变化，如果发现熔池温度过高或熔孔过大，应将电弧稍微前移或熄灭电弧，使熔池降温后再进行焊接。

焊丝和焊枪的角度提示,在焊接接头的末端,必须确保熔洞被完全熔化,然后才能继续添加焊丝。焊丝的数量应以焊道背面的平滑过渡和弧坑填满为标准。焊接结束后,焊枪不应立即离开熔池,而应持续输送氩气5~10秒,以防止焊缝发生氧化。在打底层时,背透的高度不应超过2mm,而坡口内的焊缝厚度通常应控制在3mm左右,这样更有利于盖面层的焊接工作。

(2)在填充焊过程中,首先要确保底层焊道被彻底清洁,然后使用焊条电弧焊来进行填充层的焊接。在这种情况下,选择直流反接,并需要密切关注焊接的极性如何变化。在使用连弧焊进行焊接时,焊接电流的大小不应过大。过大的电流可能会导致焊缝底部或仰焊位置的背面塌陷,以及平焊位置背面的焊瘤。因此,焊条应在坡口两侧稍作暂停,并在中间迅速通过,以防止焊缝中部出现凸起。为了确保整个环焊缝高度的一致性,在立焊区域进行焊接时,运条的速度需要加快,以便形成相对较薄的焊缝;而在平焊阶段,运条的速度应当减缓,以便形成稍微丰满的焊缝。

如果选择断弧焊技术,电流应适当增大。当使用三角形或反月牙形的运条技术时,务必确保操作的准确性和准确性。新的熔池需要压紧前一个熔池的2/3,灭弧的频率应保持一致,并适当延长电弧在坡口两侧的停滞时间,以避免出现咬边和未熔合的缺陷。

不论是使用连弧焊还是断弧焊来进行填充焊接,操作人员必须始终关注焊条的角度如何变化。在进行填充层焊接的过程中,建议焊缝的宽度应在坡口两侧熔化0.5~1mm之间,而焊缝的厚度不应过厚,同时焊缝的高度与坡口边缘的距离应控制在1~2mm范围内。

(3)盖面焊技术是通过单一的焊接路径进行的。在进行盖面焊接之前,需要清除填充层中的熔渣和飞溅,并尽量将填充层焊道的不平整部分磨平,然后开始焊接工作。焊条的角度变动与其填充层是一致的。

在焊接过程中,焊条的横向摆动幅度应保持一致,略大于填充焊时的摆动幅度,焊接熔池的边缘应超过坡口棱边0.5~1mm,以确保两侧熔合良好,并避免咬边现象。在两个焊缝之间,应努力实现平滑的过渡,并确保道间没有沟槽,以使焊缝的外观更加圆润和美观。

焊接过程结束后,必须对工件进行彻底的清洁,移除熔渣和飞溅物,并确保焊缝表面不存在气孔、咬边、未熔合或夹渣等瑕疵。

第五节　管对接斜 45 度固定氩电联焊

一、任务描述与解析

(一)任务描述

通过实践管对接斜 45°固定氩电联焊的方法,使得操作人员能在规定的时间范围内使用氩弧焊和焊条电弧焊两种不同的焊接技术,独立完成斜 45°固定氩电联焊的焊接,并能满足预定的要求。

测试样品的尺寸规格为:φ89mm×6mm×100mm。技术规格和质量标准明确指出:焊接应为单面焊双面成形,焊缝表面不应有咬边或焊瘤,余高不应超过 3mm,并且射线检测的质量必须达到三级或更高。

(二)任务解析

(1)操作人员需穿戴适当的劳保装备,并在焊接前做好所有必要的准备工作,这包括焊接材料、试样的组装、钨极以及喷嘴的相关规定。

(2)如何选择焊接的参数。

(3)在进行氩弧打底焊的过程中,必须确保仰焊位置的引弧点和平焊位置的熄弧点都得到满足。

(4)在管对接斜 45°的打底焊过程中,需要了解焊丝与焊枪的角度如何变化。

(5)在进行填充和盖面焊的过程中,需要精确掌握焊条在各个位置的角度,尤其是焊条与工件之间的角度。

(6)了解每一层焊接接缝的成型标准。

(7)进行质量的检验。

二、任务实施

(一)焊前准备

两件尺寸分别为 $\varphi89mm\times6mm\times100mm$ 的 20 钢管材,其坡口角度设定为 $60°\pm5°$。焊材选用的氩弧焊丝是 $\varphi2.4mm$ 的 ER50-6,而盖面焊则选用 $\varphi3.2mm$ 的 E5015 焊条。在焊接前,需要进行 $300\sim350℃$ 的高温烘干处理,保温 2 小时后,将其放入保温筒中以备后用。这个喷嘴是由 $\varphi8\sim\varphi10mm$ 的圆柱形陶瓷制成的,选用了 $\varphi2.5mm$ 的铈钨极,并将端头磨成锥形,钨极的伸出长度在 $4.0\sim6.0mm$ 之间。一瓶氩气气体,其纯度达到或超过 99.99%。焊接的标准是:单面焊接而双面塑形。

(二)装配要求

在焊接之前,需要清除坡口及其附近 20mm 区域的油、污、水、锈等杂质,并在打磨时确保坡口的角度和钝边尺寸不受损害,直到金属的光泽完全展现出来。在组装过程中,坡口的钝边应控制在 $0.5\sim1.5mm$ 范围内,组装时要确保错边量不超过 1mm,对接间隙的下部焊接部位约为 3.0mm,而上部焊接部位约为 4.0mm。在管对接截面的 2 点和 10 点位置,采用氩弧焊技术进行精确的两点定位。ER50-6 是焊丝,其焊接参数和要求与底部焊接是一致的。焊缝的定位长度定为 10mm,而焊接点的厚度则不应超过 4mm。鉴于根部的定位焊缝是焊缝的组成部分,因此其工艺标准与正式焊接时保持一致。焊接定位完成后,需要仔细检查焊缝的位置,如果发现有裂纹、气孔等缺陷,应使用砂轮机将焊缝清除干净,然后重新进行定位焊接。为了更好地连接接头,两端都被预先打磨成斜面。

(三)焊接参数

采用氩电联焊焊接 $\varphi89mm\times6mm$ 管材时,由于管壁厚度较薄,焊接热输入应适当,以避免焊缝及热影响区金属晶粒粗大,从而保证焊接接头的力学性能。

(四)焊接操作

焊接层次为打底焊一层、盖面焊一层,共二层二道。

(1)在进行打底焊的过程中,左右两侧都要焊接,首先要焊接右侧的一半。尽量在一次焊接中完成每半圈,以防止中间出现断弧。在进行引弧操作之前,首先需要向管道内输送氩气3～5秒,并确保起焊位置的空气和灰尘被完全吹走。引弧的动作应当流畅,以防止钨的端部被碰撞断裂,从而防止焊缝出现夹钨的缺陷。引弧的位置是在6点之前的5～10mm范围内。鉴于仰焊的位置间隙是3mm,并且间隙相对较大,因此选择了内部填丝的方法。在焊接电弧时,首先将其对准上侧坡口的钝边,避免使用焊丝。当上侧坡口的根部开始融化并形成熔池时,再加入少量的焊丝。接着,将电弧对准下侧坡口的钝边,并利用摆动焊枪将两侧坡口钝边连接起来,从而创造出"搭桥"的效果"。接下来,会形成一定尺寸的清晰熔孔,然后进入正式的焊接过程,形成基础焊缝。随着焊道长度的增加,焊缝的位置逐步从仰角焊位转变为立形焊位,最后达到平焊缝位置,同时焊丝的填充方式也从内部逐渐转为外部。

鉴于管件的倾斜角度为45°,并且焊接位置趋近于仰角、立角或平角,因此焊枪的角度应随着焊缝角度位置的改变而相应调整。当进行外部填丝操作时,焊丝应放置在上坡口的基部边缘,同时焊枪应保持匀速并平稳地向上移动,操作过程中应保持轻量级。

在焊接到定位焊斜坡的位置时,电弧的停留时间应稍微延长,暂时不进行送丝操作,待熔池与斜坡的端部完全融化后再进行送丝,并需要进行横向摆动以确保接头部分能够充分熔合。焊接到平焊的位置时,焊枪会稍微向后倾斜,这时焊接的速度应该稍微快一些,以避免因过高的温度导致熔池下沉。

在替换焊丝的过程中,首先需要将收弧位置打磨成斜面,然后在斜坡后方大约10mm的位置重新进行引弧,以实现平滑的过渡。一旦焊接至斜坡内部形成熔孔,应立刻进行送丝处理以恢复正常的焊接过程。在进行收弧操作时,需要逐渐将熔池移至坡口的边缘。当电弧熄灭后,应该延长氩气在收弧位置的保护时间 8~10 秒,以避免因氧化而产生弧坑裂纹和缩孔。只有在熔池区域凝固成焊缝并冷却了一段时间之后,才能停止供气,并将焊枪抬起。

在完成右半圈的底部焊接之后,接下来是左半圈的底部焊接。在开始焊接的位置前的 4~5mm 位置进行引弧操作,接着让电弧稍作停顿。当观察到焊缝的表面开始融化,焊枪开始进行横向的摆动,直至达到起焊的位置,从而形成一个熔池,之后再加入焊丝以进入正常的焊接过程。在平焊位置进行收弧时,应确保与右半圈焊缝 1 重叠 5~10mm,这样可以确保接头处的熔合,从而使背面的焊缝形状更加饱满。由于避免使用焊条填充层进行焊接,底部的厚度得以维持在大约 4mm,从而便于覆盖表面。

(2)盖面焊是通过焊条电弧焊的方式进行的,其焊接的极性是直流反接。在进行右半圈焊接的过程中,首先在仰焊的 6 点位置点燃电弧,然后逐渐向后移动到正式焊接的位置,使得电弧在上坡口稍作停留,接着制作斜锯齿形的运条,在上下坡口的边缘暂停,焊缝中间迅速通过。建议控制熔池边缘的熔化坡口两侧边缘各 1mm,并努力确保熔池的中心不与底层焊缝的中心重合,以避免熔池温度过高导致打底层被烧穿。

在进行立焊位置的盖面操作时,需要适度提升焊接速度。当焊条到达水平焊接位置时,其摆动幅度应增大,焊接速度应适当减缓,以确保上坡口区域得到充分的熔合和填充,从而避免上坡口发生咬边现象。在进行收弧操作时,应在上坡口位置做好准备,将熔池拉至焊道的中央进行收弧,以避免形成弧坑。在完成右半圈的盖面之后,开始执行左半圈的盖面,这一过程与右半圈的焊接方式相同。

在进行盖面操作时,必须密切关注熔化金属的水平面,并确保电弧熔池的水平方向始终保持稳定。在焊接操作中,无论管件的倾斜角度大小如何,都需要保持其水平方向,并摆动其运条。为确保熔化的金属不会下垂,电弧在下方的坡口位置应该稍微前移,并且停留的时间要稍微长一些,否则焊缝的形成可能会受到影响。

此外,我们需要密切关注焊条的角度如何变化。在进行电弧、仰焊和立焊时,应严格控制熔池的温度和焊接的速率,以避免焊接过程中的缺陷产生。盖面焊缝的余高应不低于母材,并且余高不应超过 3mm。当两侧进行立焊时,运条的速度会相应地加快,以获得窄薄的焊缝接头,确保试件的外观表面余高均匀、宽窄一致,满足合格的要求。

焊接过程结束后,必须对工件进行彻底的清洁,移除任何药渣和飞溅的物质,并确保焊缝表面不存在气孔、咬边、未熔合或夹渣等瑕疵。

(五)注意事项

(1)当斜 45°固定管进行焊接时,它会在两个不同的方向上发生位移,其中一个方向是随着焊接过程的进行,其高度会持续上升;另一个问题是,随着焊接高度的增加,焊工与试件之间的焊接距离逐渐缩短,这在某些操作中可能会变得不太方便。因此,操作人员在焊接之前必须选择一个与试件之间最合适的距离。

(2)鉴于试件在环周方向上有明显的弧度差异,焊工在操作过程中的位置显得尤为关键。如果位置选择不恰当,很容易出现焊接的盲点,导致焊接熔池变得模糊。以 6 点到 12 点的位置为例,操作人员只能依赖左眼来观察熔池的状态,甚至完全依赖感觉来操作,而右眼则只能看到焊接熔池的部分区域。因此,为了使操作更为简便,并确保双眼都能清晰地看到完整的熔池,我们需要从远到近选择最佳的视线位置。

(3)在进行管对接斜 45°固定焊的过程中,由于管子的倾斜角度会发生变化,这会导致焊接位置的改变。在仰焊和平焊的位置,熔化的金属容易下垂。因此,必须严格控制焊条与工件的夹角以及焊条与焊接方向的夹角,以防止在外观焊缝的成形过程中出现下方凸起和上方偏塌的缺陷。

参考文献

[1]邢忠文,张学仁,韩秀琴.先进制造理论研究与工程技术系列金属工艺学(第4版)[M].哈尔滨:哈尔滨工业大学出版社,2022.

[2]张体明,陈玉华,尹立孟.航空材料焊接[M].北京:航空工业出版社,2022.

[3]于影霞.镁合金焊接接头的超声冲击表面质量及疲劳性能改善技术[M].成都:西南交通大学出版社,2020.

[4]李宝棋,单宝庆,薛彬.熔化焊接与热切割培训教材[M].北京:电子工业出版社,2020.

[5]李荣雪.金属材料焊接工艺(第2版)[M].北京:机械工业出版社,2020.

[6]荣佑民,黄禹.激光焊接应力变形分析及其抑制[M].武汉:华中科技大学出版社,2020.

[7]晋高峰.焊接技术实训[M].济南:济南出版社,2019.

[8]高玉魁.残余应力基础理论及应用[M].上海:上海科学技术出版社,2019.

[9]薛小怀,等.先进结构材料焊接接头组织与性能[M].上海:上海交通大学出版社,2019.

[10]刘静.液态金属物质科学基础现象与效应[M].上海:上海科学技术出版社,2019.

[11]陈祝年,陈茂爱.焊接工程师手册(第3版)[M].北京:机械工业出版社,2019.

[12]江霞,范增斌.焊工工艺与技能训练[M].成都:电子科技大学出版社,2019.

[13]王忠堂,张玉妥,刘爱国.材料成型原理[M].北京:北京理工大学出版社,2019.

[14]杨文伟.管桁结构相贯节点抗震性能研究[M].北京:阳光出版社,2019.

[15]孙千怡,姜轶,史文学,等.建筑结构基础与识图[M].北京:北京理工大学出版社,2018.

[16]巩水利,庞盛永,王宏,等.激光焊接熔池动力学行为[M].北京:航空工业出版社,2018.

[17]李卫国,王利利,任福华,等.工业机器人基础[M].北京:北京理工大学出版社,2018.

[18]翟封祥,曲宝章,李荣华,等.材料成型工艺基础[M].哈尔滨:哈尔滨工业大学出版社,2018.

[19]兆文忠,李向伟,董平沙.焊接结构抗疲劳设计理论与方法[M].北京:机械工业出版社,2017.

[20]顾鹏展.焊接机械基础[M].北京:电子工业出版社,2017.

[21]韩强.电气技术基础实践教程[M].成都:电子科技大学出版社,2017.

[22]金成.焊接过程的数值模拟[M].北京:科学出版社,2017.

[23]郑远谋.爆炸焊接和爆炸复合材料[M].北京:国防工业出版社,2017.

[24]雷毅.焊接自动控制基础[M].东营:中国石油大学出版社,2017.

[25]黄立东,葛云.机械制造基础[M].成都:电子科技大学出版社,2016.

[26]徐兴文,李建军.焊接实验教程[M].哈尔滨:哈尔滨工程大学出版社,2016.

[27]侯志敏,汤振宁,金驰,等.焊接技术与设备[M].西安:西安交通大学出版社,2016.

[28]陈玉华,孙国栋.焊接技术与工程专业实验教程[M].北京:航空工业出版社,2016.

[29]董长富,孙艳艳,梁衍立,等.焊接与切割安全操作技术[M].北京:机械工业出版社,2015.

[30]樊融融.现代电子装联焊接技术基础及其应用[M].北京:电子工业出版社,2015.